S 989. *parte*
2. D.

LE
BOTANISTE
FRANÇOIS.

TOME PREMIER.

LE
BOTANISTE
FRANÇOIS,

COMPRENANT toutes les Plantes commünes & ufuelles, difpofées fuivant une nouvelle Méthode, & décrites en Langue vulgaire.

Par M. BARBEU DUBOURG.

O *Meliboee*, *Deus nobis hæc otia fecit*. Virg. Ecl. 1.

TOME PREMIER.

A PARIS,

Chez LACOMBE, Libraire, Quai de Conti.

M. DCC. LXVII.

Avec Approbation, & Privilége du Roi.

A
MADAME
DUBOURG.

Ma chere femme,

AGRÉEZ ce premier fruit du
loisir que je vous dois. Suivant
l'usage des Epitres Dédicatoires,
ce seroit ici le lieu de célébrer vos

a iij

louanges : mais il n'eſt ni dans votre goût, ni dans le mien, d'en-tretenir le Public de nos ſenti-mens réciproques ; il n'a non plus de foi aux Epoux heureux, que de commiſération pour les Epoux malheureux. . . . . .

PREFACE.

A LA vue dè cette multitude prodigieuse de plantes dont le Créateur s'est plu à orner & enrichir nos campagnes, tout Etre sensible éprouve un secret plaisir mêlé d'admiration & de reconnoissance. Mais la plûpart des hommes s'en tiennent là, & s'accoutument à regarder ces merveilleuses productions de la Nature avec tant d'indifférence, que plusieurs plantes très communes n'ont pas même de noms vulgaires.

Cependant outre l'amusement

a iv

très innocent que fournit leur
étude, elle peut encore être d'u-
ne utilité infinie, si l'on sait en
tirer parti.

Les unes nous servent de nourriture, & ce genre d'alimens paroît le plus naturel & le plus sain
de tous ; les autres sont nos premieres, & peut être nos plus sû-
res ressources dans les diverses
maladies auxquels les hommes
sont assujetis par leur nature,
& plus encore par leur intempé-
rance ; d'autres nous fournissent
du linge, des vêtemens ; d'autres
enfin sont d'un usage journalier
presque dans tous les arts. Mais
que nous sommes loin de con-

PREFACE.   ix

noître toutes les propriétés que le grand Auteur de l'univers a répandues sur elles avec autant de sagesse que de profusion! Et qui sait si la plante la plus dédaignée aujourd'hui ne sera pas la plus en honneur au premier moment? Peut-être ne lui manque-t-il pour cela que de s'attirer plus d'attention.

La Langue Françoise est devenue la Langue commune à toutes les sciences, à la réserve de la seule Botanique. Pourquoi cette exception? Tâchons d'arrondir son domaine, en y enclavant cette derniere portion de territoire, qui paroît tout-à-fait à sa

a v

bienféance. Tâchons d'arracher les épines de la Botanique fans en ternir les fleurs, afin d'en rendre l'étude aifée & agréable à tous les âges de la vie, & que nos Dames mêmes puiffent quelquefois s'amufer une heure ou deux dans les beaux jours d'été, foit à faire le dénombrement des plantes de leur campagne , foit à cueillir dans les prés de ces fleurs fimples auxquelles la Nature a attaché des graces & un charme fecret, ou à rechercher fur les montagnes des herbes encore plus précieufes par leurs vertus falutaires.

Confidérer les pla ntes de mon

Pays, afin d'en pouvoir conver-
ser avec mes Concitoyens pour
notre utilité commune ; paſſer
ſucceſſivement du plus au moins
connu, afin d'étendre peu à peu,
de lier & d'affermir mes connoiſ-
ſances : tel fut mon objet & mon
plan. Je me ſuis fait ainſi une petite Méthode de Botanique, & un
Manuel d'Herboriſation, l'un &
l'autre auſſi courts & auſſi ſimples
qu'il m'a été poſſible, afin de les
mettre à la portée de tout le monde, ſans exception des Herbo-
riſtes, ni des Gens de la campagne, des Femmes, ni des Enfans.
En travaillant pour moi j'ai
travaillé pour eux tous, & je ſe-

rai très flaté s'ils peuvent ne rien trouver dans mon ouvrage qui les arrête, ni qui les effarouche. Je n'ai ni affecté ni évité les termes de l'art ; il s'agiſſoit de réunir la clarté avec la préciſion, ce qui ne pouvoit ſe faire que par leur moyen : mais tous ceux que j'ai admis, je me ſuis fait une loi d'en déterminer la ſignification avec la plus grande exactitude. On s'accoutumera facilement à ces termes, pour peu qu'on veuille s'apprivoiſer avec les choſes qu'ils expriment.

Chacun connoît de vue un petit nombre de plantes; tout le reſte on le voit pour ainſi dire fans le voir. La connoiffance un peu plus refléchie des unes meneroit infenfiblement aux autres. La Botanique n'eft point une étude abftraite, elle eft fimple comme fon objet. Pour vous faire de ces campagnes riantes une vafte & riche bibliotheque, il n'eft queftion que de n'y pas promener vos regards à l'aventure. Confiderez CE QUE LES PLANTES ONT DE COMMUN, ET EN QUOI ELLES DIFFERENT ; voilà en deux mots ce qui fait toute la fcience des Botaniftes.

Confrontez entr'elles le peu de plantes qui vous font familieres, vous vous familiarife-

rez aiſément avec d'autres que
vous leur comparerez de nouveau ; bien-tôt vous connoîtrez
mieux la dixieme que vous ne
connoiſſiez la premiere, & j'oſe-
rois preſque vous répondre que
vous y trouverez même une ſatis-
faction très ſenſible. Parcourant
à loiſir les plaines, les collines, les
vallons, les vergers, ces côteaux
verds , ces rives fraîches, ces
forêts ſombres, ces prairies émail-
lées de fleurs , vous trouverez
par-tout à vous amuſer & à vous
inſtruire; vous ferez un Cours
de Botanique ſans autre maître
que Dieu, ſans autre livre que la
Nature.

Au reste, si quelquefois vous aviez besoin de consulter de vive voix les Botanistes, ils ne sont point d'un accès difficile; ils recherchent peu les autres hommes, mais ils les fuient encore moins : tout le monde est admis presque indistinctement à leurs promenades philosophiques, & les vieux comme les jeunes y trouvent toujours à s'instruire ; ceux-ci y apprennent à faire usage de leurs yeux, ceux-là à démêler des idées confuses, tous à s'occuper de recherches intéressantes, à connoître leurs vrais, leurs propres biens, & à goûter des plaisirs purs & naturels.

xvj **PREFACE.**

La France poſſede ſpécialement un Botaniſte, dont la con-
verſation eſt une ſource intariſ-
ſable d'inſtructions; chacun y
puiſe plus ou moins ſuivant ſa
propre portée, & tous s'en re-
tournent avec une pleine ſatisfac-
tion : il tient par ſes mœurs aux
ſiecles antiques, & anticipe par
ſon ſavoir ſur les ſiecles à venir.

AVERTISSEMENT.

PENDANT le cours même de l'impreſſion, il m'eſt ſurvenu de nouvelles idées , & on m'en a ſuggeré d'ailleurs.

1°. Je me ſuis fait un petit Jardin de Plantes uſuelles, que j'ai conſacré immédiatement à l'utilité publique, non pas tout-à-fait gratuitement , mais au prix le plus modique, afin qu'il ne ſoit onéreux à perſonne. Il étoit naturel d'en inférer ici le Catalogue, & indiſpenſable d'y joindre aux noms françois vulgaires, les noms latins ſous leſquels ces plantes ont été connues de tous tems dans les boutiques de Pharmacie,

2°. J'ai cru néceſſaire d'ajoûter à cela un Avis, ou courte Inſtruction ſur le tems & la maniere de cueillir, de deſſécher & de conſerver toutes ces plantes pour les uſages de la Médecine.

3°. Quoique je n'aie point eu directement en vûe de travailler pour les Botaniſtes formés, & que ce ſoit à moi de m'inſtruire avec eux, plutôt qu'eux avec moi; cependant comme mon petit ſyſtême peut exciter la curioſité des Gens de l'art, & que le Manuel d'Herboriſation pourroit leur paroître aſſez commode, la réflexion m'a porté à leur épargner une partie de l'embarras des vérifications, en leur indiquant succinctement le rapport des Plantes que je décris à celles qu'ils connoissent. Pour cet effet il m'a fallu d'une part ajoûter aux noms françois que j'ai adoptés pour chaque plante les noms génériques qui y correspondent dans le *Botanicon Parisiense*, & d'autre part présenter ce *Botanicon*, ou petit *Index*, dans un ordre un peu différent, pour le raprocher de mon plan, & avec divers autres changemens, comme additions d'especes, suppressions de variétés, &c.

4°. Plusieurs personnes m'ayant sollicité à exposer les vertus des Plantes avec toute l'ingénuité qu'elles me connoissent, & toute la clarté qu'il me seroit possible d'y répandre ; j'ai expliqué ma façon de penfer à ce fujet dans trois Lettres qu'il convenoit de mettre ici fous les yeux du Public.

Voilà comment fe font formés prefque infenfiblement deux volumes, qui femblent encore demander une fuite, fi le Public a la bonté de s'y prêter.

NOUVELLE

NOUVELLE METHODE DE BOTANIQUE.

CHAPITRE PREMIER.

Des Plantes en général.

IL n'est personne qui au premier coup d'œil ne distingue une Plante de toute autre substance, soit animale ou minérale ; mais on a besoin d'une attention réfléchie pour se rendre raison à soi-même de ce qui en fait le caractere distinctif. Une plante est un corps organique, qui vit attaché à la terre, ou à quelqu'autre corps, d'où il tire sa nourriture, & qui a la faculté de reproduire

Tome I.   A

son semblable. La plante a des organes, c'est-à-dire, une suite de vaisseaux réguliers, contenant des sucs qui leur sont propres; elle prend de la nourriture & de l'accroissement, & c'est principalement par ses racines, qu'elle suce la matiere nécessaire à cet effet, soit que ses racines pénetrent dans le sein de la terre, ce qui est le cas le plus ordinaire, ou qu'elles plongent seulement dans l'eau, comme la Lenticule, ou qu'elles s'attachent au corps de quelqu'autre plante, comme fait le Gui des arbres.

Chacun connoît particulierement quelque plante, à peu-près comme on connoît les plantes en général, c'est-à-dire, assez surement, quoique d'une maniere un peu vague. On a tant vu & tant revu de Vignes, de Fraisiers, de Violettes, qu'il en est resté une impression très vive, & qu'on est bien assuré de ne confondre jamais l'une avec l'autre. Mais comment exprimer ce qui nous les fait reconnoître? C'est un certain *je ne sais quoi*.

Cette espece de savoir peut bien uf-
fire à un Solitaire délaissé dans l'Isle de
l'Ascension, où l'on n'a trouvé que
quatre plantes établies par la Nature,
dont deux nutritives tellement quelle-
ment, & deux médecinales; mais dans
un Continent où chaque jour nous fou-
lons aux pieds des milliers de plantes
diverses, le *je ne sais quoi* se trouve
bientôt presque synonime à *je ne sais
rien*.

Ce je ne sais quoi, qui résulte de
l'ensemble de toutes les parties d'une
plante, n'est cependant pas tout-à-fait
à dédaigner; c'est ce qu'on appelle en
Botanique le *Port* d'une plante, &
nous le ferons remarquer plus d'une
fois; mais nous ne nous reposerons
jamais entiérement là-dessus. Si nous
entrons dans le détail des parties qui se
rencontrent assez ordinairement dans
toutes les plantes, & qui leur sont plus
ou moins essentielles, nous verrons
bientôt, & nous serons en état d'énon-

cer clairement, ce qui fait leur caractere propre ; nous ne ferons plus réduits fi souvent à l'inftinct des brutes, & quelquefois même à envier la perfection de leurs organes.

Mes yeux fe portent d'abord fur la fleur, dont l'éclat femble annoncer l'importance ; de là je pafferai au fruit qui lui fuccede naturellement, & qui eft à la fois le principe & la fin de toute végétation : je confidérerai enfuite la tige, qui fait comme le corps de la plante ; puis les feuilles, dont l'utilité eft beaucoup moins bornée qu'on ne l'imagine communément ; & je finirai par la racine, qui eft trop importante à l'économie végétale pour qu'il foit permis de la négliger, mais fur quoi notre curiofité ne doit s'exercer qu'avec bien de la difcrétion, puifque la Nature a voulu fouftraire cette partie à nos regards, & qu'il eft fouvent impoffible de la connoître qu'aux dépens de toute la plante.

CHAPITRE II.
Des Fleurs.

LES Fleurs sont l'ornement des Plantes ; & leur parfait développement. Quelqu'un a dit que *la fleur est à la plante , ce que le papillon est à la chenille.*

On ne connoît point de fleurs au Champignon , & on a fait jusqu'ici de vaines tentatives pour lui en trouver.

On a découvert à la Fougere, au Bri, à l'Orseille, sinon des fleurs proprement dites, au moins des parties si analogues aux fleurs, qu'on peut les appeller des fleurs *hétéroclites.*

Les fleurs de la Lenticule se dérobent aux regards du vulgaire ; mais avec un peu d'attention on les découvre bientôt , & on distingue clairement toutes leurs parties essentielles.

Le Figuier n'a pas caché les siennes

A iij

avec moins d'affectation ; mais fon petit myftere a enfin été dévoilé , & les fleurs du Figuier ne fonr plus aujour-d'hui un problême que pour des novices en Botanique.

La fleur du Rofier attire & fatisfait tout à la fois les regards & l'odorat.

Celle du Melon eft moins brillante, mais il en offre de deux fortes fur le même *individu*.

Le Chanvre a auffi deux fortes de fleurs , mais il les faut chercher fur des individus différens.

De ces deux individus , l'un ne porte point de femences , & l'efpece périroit avec lui , s'il étoit feul : l'autre indi-vidu porte des femences propres à mul-tiplier l'efpece ; mais il attend fa fécon-dité du voifinage de fon compagnon , fans quoi toutes fes efpérances feroient fruftrées. Je n'héfiterai donc point à appeller l'une de ces plantes mâle , & l'autre femelle.

J'ai remarqué deux fortes de fleurs.

au Melon comme au Chanvre, avec cette différence, qu'elles sont *conjointes* dans l'un, & *disjointes* dans l'autre; c'est-à-dire, toutes les deux sur le même individu au Melon, & chacune sur un individu différent au Chanvre.

Des deux fleurs du Melon, l'une porte des fruits, & l'autre non; voyons si celle qui n'en porte point est nécessaire à celle qui en porte. Si j'ai dans mon potager un pied de Melon unique, en détruisant toutes les fleurs stériles à mesure qu'elles paroissent, je ferai avorter toutes les fleurs qui devoient porter des fruits; d'où je conclus que le Melon a sur le même pied une fleur mâle & une fleur femelle, & que tous ses individus ne peuvent être distingués entr'eux que numériquement.

N'ayant trouvé aucune différence sensible entre plusieurs fleurs du Rosier, je conjecture qu'une seule lui suffiroit, ou si l'on veut, se suffiroit à elle-même. Pour m'en assurer davantage, je choisis un Eglantier ifolé dans un coin de champ, & faifant main-baffe fur tous fes boutons à fleurs à mefure qu'ils paroiffent, je n'en réferve qu'un feul pris au hafard. Cette fleur unique porte à maturité des femences bien fécondes ; d'où je conclus que toutes les fleurs du Rofier font naturellement hermafrodites.

Il n'y avoit originairement dans mon jardin qu'un feul pied de Renoncule à fleurs fimples. De fes graines femées & reffemées fucceffivement, il eft provenu au bout de quelques générations, trois diverfes fortes de Renoncules ; favoir, de fimples, de doubles & de femi-doubles. On juge bien que les doubles font celles à qui l'art a prodigué fes foins, & que les fimples au contraire font celles dont la culture a été la plus négligée. Celles-ci portent conftamment beaucoup de graines, les femi-doubles en portent peu d'année en année, & les doubles n'en portent prefqu'aucune.

De là il s'enfuit manifestement que ces fleurs doubles sont des fleurs monstrueuses, ou pour parler plus correctement, des fleurs neutres ; & que le luxe n'est pas moins nuisible à la population dans le regne végétal , que dans le regne animal.

Maintenant je suis curieux de savoir ce qui constitue formellement la différence des sexes des fleurs. Pour cet effet, il me faut examiner & confronter toutes les parties communes ou propres à chacune des fleurs mâle, femelle, hermafrodite & neutre. Toutes ces parties se réduisent à cinq principales, qui font la corolle , le calice , l'étamine. , le piftil & le réceptacle. Mais quantité de fleurs manquent d'une ou de plusieurs de ces parties : observons ce qui résulte de la présence ou de l'absence de chacune.

La *Corolle* est l'enceinte intérieure , ou pour mieux dire , le tégument intérieur de la fleur , que l'on compare à

A v

une petite couronne, tant à raison de
sa forme que de son éclat. Elle est formée d'un ou de plusieurs pétales, &
comprend quelquefois en outre un ou
plusieurs nectaires.

Pétale est le nom que l'on donne à
cette sorte de feuilles colorées qui dé-
corent la fleur & en forment la corolle, afin de les distinguer des feuilles ordinaires; ainsi je dis les pétales de
la Rose & les feuilles du Rosier.

Le *Nectaire* est la partie d'une fleur
qui sert de réservoir au miel, que les
abeilles savent si bien y découvrir. Dans
quelques plantes, les nectaires font
partie des pétales, comme à la Renoncule, où ils ont la forme de petites
écailles au bas des onglets des pétales;
& dans d'autres ils en font très distingués, comme à l'Ellebore, où ils ont la
forme de cornets, & font rangés circu-
lairement entre les pétales & les étamines.

Quoique la corolle soit la partie la

plus brillante des fleurs, elle ne leur
eſt pas la plus eſſentielle. Une preuve
bien ſenſible de cette vérité, c'eſt que
toutes les fleurs doubles, ſi elles ſont
pleinement telles, comme nos plus
belles Jacintes, ſont toujours ſtériles,
malgré ces magnifiques corolles qui les
font tant admirer; & qu'au contraire,
on voit des fleurs entiérement dépourvues de corolle, qui n'en ſont pas
moins fécondes, comme dans le Chanvre, qui en a de mâles & de femelles,
& dans l'Alchimille, où elles ſont toutes hermafrodites.

Le *Calice* eſt l'enceinte extérieure,
ou tégument extérieur de la fleur, qui
embraſſe toutes les autres parties, &
qui les recouvroit même tout-à-fait
avant leur entier épanouiſſement. Il
eſt moins brillant que la corolle, &
ordinairement tout vert.

Il y a quantité de plantes où la corolle
ſemble confondue avec le calice, & la
fleur n'eſt entourée que d'une ſeule

A vj

enceinte, qui eſt entiérement verte à la
Mercuriale , entiérement colorée au
Muguet , colorée intérieurement &
verte extérieurement , de forte que
l'une des furfaces repréſente la corolle
& l'autre le calice , à la Perſicaire , ce
qui fait que l'on héſite fouvent à ce fujet , & que toutes les fois qu'une fleur
n'a qu'un tégument unique , on pourroit preſqu'indifféremment l'appeller
corolle ou calice ; auſſi les Auteurs ne
ſe font pas tous exprimés fur cela d'une
maniere uniforme. Quant à moi , je
m'en tiendrai au nom de calice pour dé-
ſigner le tégument unique d'une fleur ,
coloré ou non ; mais je ne laiſſerai pas
d'appeller pétales ſes diviſions , lorſqu'elles feront peintes d'aſſez vives
couleurs , comme au Populage , ou à la
Percenege.

Au reſte , ce qu'il y a de bien conſ-
tant , c'eſt que le calice n'eſt pas plus
eſſentiel aux fleurs que la corolle ; l'un
& l'autre manquent abſolument aux

fleurs du Frêne commun, qui n'en font
pas moins fécondes.

L'*Etamine* eft la partie de la fleur qui
doit féconder le germe ; elle eft effentielle aux fleurs mâles & hermafrodites, mais on la chercheroit vainement fur
les fleurs femelles, ou neutres. On peut
donc regarder l'étamine comme l'organe
mâle des fleurs. L'étamine eft ordinairement compofée de deux parties ; favoir,
le *filament* & l'*antere*, à qui on donne
auffi quelquefois les noms de *boffette*, à
raifon de fa figure, ou de *fommet*, eu
égard à fa pofition. L'antere, bien exa-
minée, eft une efpece de petit fachet
rempli de fines pouffieres, & qui s'ouvre de lui-même à maturité pour les
répandre. Le *filament* eft comme le pédicule de l'antere ; il eft affez ordinairement de la groffeur d'un filet, & en forme d'alene. Au refte, l'antere eft la
feule partie abfolument néceffaire à l'é-
tamine, puifqu'on en voit qui n'ont jamais de filament, comme à l'Arom.

Le *Piſtil* eſt cette partie de la fleur qui en occupe le centre, ou pour mieux dire l'axe; c'eſt inconteſtablement l'organe femelle des fleurs. Le piſtil eſt ordinairement compoſé de trois parties; ſavoir l'ovaire, le ſtile ou dard, & le ſtigmate.

L'*Ovaire* eſt ſitué à la partie inférieure du piſtil, & renferme l'embryon, ou rudiment de la ſemence.

Le *Dard*, ou *Stile*, porte ſur l'ovaire, & ſoutient le ſtigmate, pour faire la communication de l'un à l'autre.

Le *Stigmate* eſt ſitué à la partie ſupérieure du piſtil, pour recevoir les pouſſieres vivifiantes de l'étamine, & en tranſmettre l'énergie à l'ovaire, ſoit immédiatement ou par l'entremiſe du ſtile. L'ovaire & le ſtigmate ſont les ſeules parties eſſentielles au piſtil, puiſqu'il peut abſolument ſe paſſer de ſtile, comme au Boigenti.

Le *Réceptacle* eſt la baſe ſur laquelle portent les principales parties de la

fleur, & fpécialement l'étamine & le
piftil. Cette partie, peu confidérable
dans la plûpart des fleurs ordinaires, fe
fait finguliérement remarquer dans le
Fraifier, dans le Piffenlit, &c.

Pour réfumer tout ceci en peu de
mots, on peut regarder la fleur comme
le lit nuptial d'une plante : les pétales
en font les rideaux, & le calice la
houffe ; l'étamine & le piftil font l'é-
poux & l'époufe, & le réceptacle eft
la couchete. Il s'enfuit de là qu'on peut
appeller fleur *complette*, celle qui eft
pourvue de corolle & de calice tout
enfemble, comme à l'Œillet : fleur *in-
complette*, celle qui manque foit de
calice foit de corolle, ou pour parler
plus exactement, à qui le calice tient
lieu de corolle en même-tems, comme
à la Jacinthe : fleur *efflorée*, celle qui
n'a ni corolle ni calice proprement dit,
comme à l'Arom, qui n'a qu'une fpate
pour tout tégument, ou au Coudrier,
qui n'a pour tout tégument que des

chatons', ou au Chiendent, qui n'a pour tout tégument que des balles, ou à l'Alguete, qui eſt entiérement dé-nuée de tégument quelconque. Il s'en ſuit encore qu'on a eu raiſon d'appeller fleur hermafrodite celle qui eſt pour-vue d'étamine & de piſtil également bien conditionnés ; fleur mâle, celle qui a une ou pluſieurs étamines ſans piſtil (1); fleur femelle, celle qui a un piſtil ſans étamine (2) ; fauſſe fleur, celle qui n'a qu'une fauſſe apparence de piſtil, une trompe ſans germe, comme les fleurons extérieurs du Bluet; & enfin fleur neutre, celle où l'on ne découvre aucun veſtige d'é-tamine ni de piſtil, comme à toutes les fleurs pleinement doubles, ſoit Gi-roflées, Jacinthes, ou autres.

Maintenant j'appellerai plante *mâle*, celle qui ne porte que des fleurs mâles;

---

(1) On l'appelle auſſi fleur ſtérile.
(2) On l'appelle auſſi fleur nouée.

plante *femelle*, celle qui ne porte que des fleurs femelles ; plante *androgine*, celle qui porte fur le même individu des fleurs mâles & des fleurs femelles tout enfemble, comme le Melon ; plante *hermafrodite*, celle qui ne porte que des fleurs hermafrodites, comme la Mauve ; & enfin plante *poligame*, celle qui porte des fleurs hermafrodites & des fleurs mâles enfemble, comme le Micocoulier, ou des fleurs hermafrodites & des fleurs femelles enfemble, comme la Pariétaire.

CHAPITRE III.

Suite des Fleurs.

JE ne puis me difpenfer de reprendre chacun de ces objets fucceffivement pour les déveloper davantage, & confidérer en détail leur nombre , leurs foudivifions , leurs proportions , leur forme & leur fituation.

La Corolle eft pluripétale, ou unipérale ; c'eft-à-dire , formée de plufieurs pétales , ou d'un feul.

Elle eft compofée de quinze petales au Nénufar; de douze à la Joubarbe; de huit à l'Adonis d'automne ; de fix à la Salicaire ; de cinq au Fraifier; de quatre à la Tormentille ; de trois au Fluteau ; de deux à la Circée , & d'un feul au Lilas.

Il paroît quelquefois affez difficile de décider au premier coup-d'œil fi une

corolle eſt pluripétale ou unipétale : la
Mauve a cinq pétales tellement adhé-
rens tous enſemble par leur baſe , que
de très habiles gens l'ont crue unipétale : la plûpart des Trefles ont la corolle
pluripétale ; quelques-uns l'ont unipétale , mais tellement découpée que
chacun de ſes ſegmens correſpond à un
pétale des autres.

La corolle , ſoit pluripétale , ſoit
unipétale , eſt dite réguliere lorſque
toutes ſes parties ſe correſpondent
exactement , & conſéquemment elle
eſt dite irréguliere lorſque toutes ſes
parties ne ſe correſpondent pas ainſi. La
fleur de la Féve eſt pluripétale irréguliere , & la fleur du Serpolet unipétale
irréguliere.

On donne le nom d'*Eperon* à une
ſorte de pointe creuſe en forme de té-
tine , qui termine quelques corolles
irrégulieres , ſoit pluripétales comme à
la Violette , ou unipétales comme à la
Linaire.

La corolle eft pliffée au Liferon; elle eft torfe à la Pervenche.

La corolle eft ordinairement rouge à l'Œillet, bleue à la Chicorée, violette à la fleur de ce nom, jaune au Mélilot; blanche au Pois.

On voit auffi des fleurs panachées (1), de jafpées (2), de marbrées (3); mais toutes ces couleurs ne font pas fort conf-tantes, & perfonne n'eft étonné de ren-contrer des Violettes blanches.

La corolle dure ordinairement juf-qu'à la fécondation des femences, & tombe alors. Elle tombe avant ce tems à la Criftofée; elle perfifte au contraire jufqu'à la maturité du fruit au Nénufar; elle dure également, mais en fe fanant, à l'Orquis.

La corolle eft ordinairement pofée

---

(1) Mélées de diverfes couleurs.
(2) Panachées finement.
(3) Panachées irrégulierement.

fur le réceptacle ; elle eft pofée fur le calice dans la Rofe.

On diftingue deux (ou trois) parties à la corolle, fur-tout lorfqu'elle eft uni-pétale ; 1°. fon tube, 2°. fon limbe, 3°. quelquefois auffi fa gorge.

Le *tube* eft ainfi nommé, parcequ'il eft à-peu-près en forme de tuyau ; c'eft la partie par où la corolle porte fur le receptacle.

Le *limbe* eft la bordure de la corolle, ou fa partie la plus éloignée du réceptacle. On lui donne quelquefois le nom de *pavillon*, lorfqu'il eft bien évafé.

Le tube eft communément propor-tionné au calice, & en ce cas fa lon-gueur n'a rien de remarquable.

Le tube de la corolle eft long au Che-vrefeuille, il eft court à la Cinoglofe, il eft très petit & prefque nul à la Mol-lene.

Le limbe de la corolle eft crenelé au Lin, il eft denté en fcie au Tilleul, il eft hériffé de cils au Meniante, il eft entremêlé de petites dents à la Nimphete.

Le limbe, par fa forme, eft fouvent comparé à des objets bien connus, ce qui peut aider la mémoire; il eft en cloche à la Campanule, en grelot à la Bruyere, en entonnoir à la Centau-riette, en foucoupe à la Pervenche, en étoile à l'Ornigal Dame d'onze heures, en couronne de trépan à la Confoude, en rofette à la Buglofe (1), en mu-fle à la Vervene, en mollette d'éperon à la Bourrache.

On donne le nom de *gorge* à la partie fupérieure du tube, lorfqu'elle eft fort diftinguée du refte par fa forme ou par fa largeur.

On appelle corolle *papillonnée*, celle qui repréfente en quelque forte un papillon volant, comme à la fleur du Pois.

_____

(1) C'eft-à-dire, découpé en cinq rayons arrondis.

Les principales divisions de la corolle papillonnée, qui sont ordinairement autant de pétales distincts, sont désignées par des noms qui répondent à leur figure ou à leur position. Le pétale le plus élevé est appellé l'*étendart*, les deux pétales latéraux sont appellés les *aîles*, & le pétale inférieur est appellé la *nacelle*, ou la *gondole*. Quelquefois cette nacelle est formée de deux pétales, comme au Jomarin.

On appelle corolle *labiée*, celle dont le limbe représente en quelque sorte un mufle, ou une gueule.

On donne aux deux principales divisions d'une corolle labiée le nom de *babines* ou de *levres*, dont l'une est supérieure, & l'autre inférieure.

On donne le nom de *tablier*, à raison de sa figure & de sa position, au pétale inférieur des Orquides.

On distingue deux parties à chaque pétale, sa lame & son onglet.

La *lame* est la partie principale d'un

pétale, & la plus éloignée du réceptacle : la lame déborde naturellement le calice.

L'*onglet* eft la partie du pétale par où il s'attache au réceptacle, & qui refte ordinairement renfermée au dedans du calice.

Le nom de calice fe prend dans un fens plus ou moins étendu ; c'eft à quoi on doit bien faire attention, afin qu'il n'en réfulte aucune équivoque.

Le calice, dans fa fignification la plus générale, eft le périante, ou enceinte extérieure de la fleur. Si j'ofois, je n'emploierois jamais en ce fens que le mot de périante.

Le *périante* donc, ou calice en général, eft de plufieurs fortes. On en diftingue au moins cinq, à qui je donne des noms différens ; favoir, le *calice* proprement dit, le chaton, la balle, la collerette, & le chaperon.

Le calice proprement dit, eft l'efpece de périante la plus ordinaire ; il envelope

lope toutes les autres parties de la fleur, & semble être une production de l'écorce de la plante.

Le calice est formé de six pieces, ou dépecé jusqu'à sa base en six feuilletes au Berberis, en cinq feuilletes à la Morgeline, en quatre feuilletes au Chou, en trois feuilletes à la Morrène, en deux feuilletes à la Chelidoine.

Le calice est d'une seule piéce, mais découpé en douze segmens à la Salicaire, en dix segmens au Fraisier, en huit segmens à la Tormentille, en cinq segmens au Milpertuis, en quatre segmens à la Digitale, en trois segmens au Fluteau, en deux lanieres à la Nayade.

Le calice est long à la Nelle, court, en massue à la Silene, en boule creuse au Cucubale, en tuyau à la Savonere, en bassin à l'Enule tonique; il est droit à la Primevere, rabatu à l'Asclepiade, coloré au Nénufar.

Les bords du calice sont dentés à

Tome I.   B

l'Airelle, ils font hériffés de cils à la Jacée, d'hameçons à la Bardane.

Le fommet du calice eft obtus au
Nénufar, aigu à la Primevere, terminé
en pointe à la Jufquiame.

La bafe du calice eft renflée au Rofier, renforcée de petites écailles à
l'Œillet.

La Guimauve a un double calice.

Le calice paffe très vite & tombe
auffitôt que la fleur s'épanouit au Pavot;
il dure autant que la corolle, ni plus
ni moins, au Sinapi; il perfifte ordinairement jufqu'à la maturité du fruit, comme à la Gratiole; il perfifte, groffit
& fe referme fur les femences à la Ra-
pete; il perfifte & s'enfle en guife de
veffie, pour enfermer le fruit fans le
toucher, auCoqueret.

Le *Chaton* eft une fimple écaille qui
couvre & tient lieu de périante propre
à chacune des fleuretes qui font rangées le long de l'axe d'un minet, comme
au Coudrier.

N. B. Le chaton reſſemble en quelque ſorte à un chaton de bague, d'où il tire ſon nom. Le minet repréſente aſſez bien la queue d'un petit chat, d'un petit minet, d'où lui vient auſſi ſon nom.

La *Balle* eſt une eſpece de périante en forme de bec d'oiſeau, fendu très profondément comme en deux petites pinces membraneuſes, comme à l'Avoine. La bordure de la balle eſt ordinairement tranſparente.

Outre la balle propre à une ſeule fleurete, il y a une balle commune à pluſieurs fleuretes, au Paturin.

On diſtingue à chaque balle deux *ailletes*, *pinces*, ou *mors*.

Les deux pinces ont chacune un barbillon ou arrêtés, à la Flouve; l'une en a, l'autre n'en a point au Ris; elles ſont toutes deux ſans barbillons à la Briſe; le barbillon eſt long à l'Orge, court à la Brome, droit au Seigle, tors à l'Avoine.

La *Collerete* eſt une eſpece de périante commun à pluſieurs fleurs : c'eſt

un affemblage de plufieurs feuilletes
difpofées en rayons. La collerete eft
de cinq feuilletes à la carotte , de quatre feuilletes au Cornouiller , de trois
feuilletes au Butome , de deux feuilletes au Titimale : elle femble quelquefois d'une feule piece à la Buplevre.

Le *Chaperon* n'appartient qu'à cer-
taines fleurs hétéroclites à qui il fournit
une efpece de périante. Ce chaperon eft
une petite enveloppe membraneufe qui
fe déchire d'elle même en deux portions , dont l'une refte au-deffus de la
fleur en guife de toque ; l'autre portion
d'où la toque s'eft détachée difparoît
bientôt tout-à-fait au Mni (*a*) , elle
refte en fragmens au bas de la fleur au
Hip (*b*).

La *Spate* , qui a quelquefois un faux
air de périante , eft une efpece de voile
qui fert d'envelope extérieure à une
fleur , mais qui part de plus bas qu'un
calice proprement dit.

_____

(*a*) (*b*) Sortes de mouffes.

La Spate eſt de deux feuilles au Plumeau ; elle eſt d'une ſeule feuille à la Percenege.

Point de fleur, point de calice : ce ſeroit abuſer des termes que de rapporter aux périantes la toilete de divers Champignons. Cette *Toilete* eſt une eſpece de ſac membraneux qui envelope toute la plante naiſſante, qui s'ouvre enſuite en ſe déchirant par le haut ou par le milieu, & dont les débris forment ou une poche au bas du pédicule, ou un anneau au milieu, ou une cravate au collet, ou un timpan ſous le chapeau cachant ſa cavité, ou un peignoir pendant tout au tour, ou une frange à ſes bords, ou divers flocons épars ſur ſa calote.

Je trouve une centaine d'étamines au Pavot, une ſoixantaine à la Renoncule, une trentaine à la Chelidoine, vingt-quatre au Flechier, vingt à la Benoite, ſeize à la Tormentille, quinze au Delfin, douze à l'Aigremoine, onze

B iij

au Reſeda, dix à l'Œillet, neuf au Butome, huit à la Bruyere, ſept au Maronier, ſix au Lis, cinq à la Bourrache,
quatre au Grateron, trois au Tilli, deux
à la Véronique, & une ſeule à la Valériane des jardins.

J'en trouve à la Savonere d'.., dont
cinq plus grandes & cinq plus courtes
alternativement ; à la Roquete ſix ,
dont quatre plus longues, & deux plus
courtes ; au Calament quatre , dont
deux plus longues & deux plus courtes.
J'en trouve à la Guimauve une grande
quantité réunies toutes enſemble par
leur baſe; au Lotier dix, dont neuf ſont
réunies par leurs filamens.; au Milpertuis une grande quantité réunies
par leur baſe en trois faiſceaux diſtincts ; à chaque fleuron du Seneçon ,
cinq étamines réunies par leurs ſom-
mets. Les Etamines ont de la ſenſibilité
& du mouvement à l'Elianteme.

Les étamines portent ſur le réceptacle dans la plûpart des fleurs : elles portent fur le calice dans la Rofe ; elles portent fur la corolle à la Digitale; elles portent fur le ftile au-deffous du ftigmate à l'Ariftoloche.

Le filament eft très long au Plantain, très court au Trofcart, nul à l'Arom ; il eft de deux pieces articulées au Titimale ; on compte trois anteres pour chaque filament à la Fumeterre.

Pour compter le nombre des piftils, on a principalement égard au ftile ; parceque c'eft la partie la plus apparente, quoique la moins effentielle ; & au défaut de ftiles, on tient compte des ftigmates.

Cela pofé, je trouve un grand nombre de piftils à l'Anemone, une centaine au Flechier, douze à la Joubarbe, fix au Butome, cinq au Poirier, quatre à l'Épideau, trois au Sureau, deux à la Gentiane, & un feul au Cerifier.

Le ftigmate eft en boulette à la Primevere, en plume au Chiendent ; il eft

feuillé à l'Iris , labié à la Graffette ; il
eft fendu en deux au Lilas , en trois à
la Campanule , en quatre à l'Antonine.

Il y auroit beaucoup d'autres chofes
à remarquer fur les filamens & les anteres des étamines , les dards & les
ftigmates des piftils , fi je ne craignois
de m'engager dans des détails trop mi-
nutieux au gré de ceux pour qui j'écris.
Non que rien foit à dédaigner dans
l'Hiftoire naturelle , mais parceque les
chofes les plus intéreffantes pour des
Phyficiens de profeffion , peuvent paroître tout-à-fait infipides , & même
très faftidieufes au commun des Lec-
teurs.

L'ovaire, ou partie inférieure du piftil,eft pofé au-deffus du réceptacle de la
fleur dans la Jacinte , & au-deffous
dans la Percenege. De cette diverfité de
fituations , il réfulte que dans l'une de
ces plantes , le même réceptacle eft
commun à la fleur & au fruit , & que
dans l'autre la fleur & le fruit ont cha-

cun leur réceptacle propre. Cette différence eſt plus frappante dans le Prunier
comparé au Poirier ; lorſque l'embryon
de l'un & de l'autre ſera devenu fruit,
on verra un enfoncement en ombilic
couronné de cinq dents au haut de la
Poire où fut le calice de ſa fleur, & on
ne verra rien de tel à la Prune.

L'ovaire eſt au centre d'un réceptacle circulaire au Roſier; il eſt placé entre le calice & la corolle à la Pimprenelle.

Quelques plantes ont une fleur principale diſtinguée des autres. La fleur
principale à cinq pétales, & les ſubalternes n'en ont que quatre au Fuſain;
la fleur principale a cinq pétales & dix
étamines, & les ſubalternes n'ont que
quatre pétales & huit étamines au Su-
cepin.

La fleur principale a cinq pétales,
& un fruit à cinq capſules; les fleurs
ſubalternes n'en ont que quatre, à la
Rue.

B v

La fleur principale a quatre pétales, huit étamines, quatre piftils, une baye à quatre loges ; les fleurs fubalternes ont cinq pétales, dix étamines, cinq piftils, une baie à cinq loges, à la Mufquine.

La fleur principale a fouvent la corolle réguliere, & les fleurs fubalternes ont conftamment la corolle irréguliere, demi-labiée à une efpece de Teucrion, que l'on cultive dans les jardins de Botanique, & qui nous vient d'Efpagne.

Des Fleurons & Fleurs compofées.

Jufqu'ici je n'ai confidéré que les fleurs fimples. Les fleurs compofées n'ont pas moins de droit à notre attention.

Par quelle fatalité ce mot *fimple* eft-il devenu de tous les termes de la Botanique le moins fimple ?

1°. On appelle Simples toutes les plantes en général, peut-être parceque la plûpart font employées aux ufages de la Médecine tout simplement , & telles que la Nature nous les fournit.

2°. On appelle fleurs *simples* celles qui ne doivent rien à l'art , mais qui ont conservé leur simplicité naturelle , qui n'ont aucunes parties surnuméraires, & ne manquent d'aucunes de leurs parties essentielles ; & cela par opposi_ tion aux fleurs doubles ou pleines qui abondent en superfluités aux dépens des choses de premiere nécessité.

3°. On appelle fleurs *simples* , celles qui ne supposent point de réunion , & n'admettent point de division en plusieurs fleurons distincts , & cela par opposition aux fleurs composées.

J'appelle fleur composée celle qui résulte de la réunion de plusieurs fleurons nécessaires à son intégrité , & ayant quelque partie commune à toutes , soit réceptacle ou périante ; & j'appelle *fleurons* ces sortes de petites fleurs qui sont les parties intégrantes d'une fleur composée ; j'appelle aussi

B vj

corolletes leurs petites corolles ; & *cali-cets* leurs petits périantes.

Le fleuron n'a point de pédicule propre ; ſes étamines ſont ordinaire-ment au nombre de cinq , réünies par leurs anteres en forme de tuyau cylin-drique.

Je diſtingue à la corollete de chaque fleuron , ſon tube & ſon limbe.

Si le limbe de la corollete eſt évaſé en pavillon, je l'appelle *fleuron tubulé*, ou ſimplement *fleuron*.

Si le limbe de la corollete eſt ap-plati , ou taillé en biſeau (1) & pro-longé en forme de languette , je l'ap-pelle *fleuron à languette*, ou plus pro-prement *demi-fleuron* , ou *fleurin*.

Lorſque la fleur compoſée n'eſt for-mée que de tous fleurons ſans mélange de demi-fleurons , je l'appelle *fleur à fleurons* , ou *fleuronée* , comme à la Tanéſie.

---

(1) Ou en bec de flûte.

Lorſqu'elle n'eſt formée que de tous demi-fleurons, ſans mélange de fleurons proprement dits, je l'appelle *fleur à fleurins*, ou *laɛtucée*, comme à la Laitue.

Lorſqu'elle eſt formée de fleurons & de demi-fleurons tout à la fois, je l'appelle *fleur radiée*, comme au Souci.

A la fleur radiée les fleurons occupent le centre, ou pour mieux dire, l'aire ou le *diſque*; & les demi-fleurons forment la bordure ou contour rayonnant, que j'appellerai *aureole*. Voyez à la Marguerite le diſque de la fleur formé de fleurons jaunes, & l'aureole formée de fleurins blancs.

Les demi-fleurons de l'aureole des fleurs radiées ſont ordinairement neutres, n'ayant que de faux germes ſans ſtigmates.

Dans la fleur compoſée, outre le calicet propre à chaque fleuron, il y a un périante ou calice commun à toute la fleur. Ce calice eſt feuillé à la Pâcrete ; il est écailleux à la Chicorée.

Les écailles du calice sont rangées côte à côte à la Tussilage ; elles sont *embriquées* , c'est-à-dire entassées en recouvrement comme des tuiles sur un toit, à l'Armoise.

Dans le calice écailleux embriqué , je distingue deux parties à chaque écaille ; savoir , l'*onglet* , qui sert à l'attacher & qui se trouve recouvert par l'écaille suivante ; & le *pureau*, ou extrémité non recouverte. Mais, pour plus de précision encore , cette partie apparente n'est proprement appellée pureau , que lorsqu'elle reste appliquée sur le dos de la précédente, comme à la Scorsonere ; & on l'appelle *bec* , lorsqu'elle s'en écarte pour former un calice évasé , comme à la Sarrete.

Le bec est feuillé à la Quenouillète , il est bordé de cils à la Jacée , de piquans au Chardon, d'hameçons à la Bardane.

Le réceptacle est fort remarquable dans les fleurs composées.

Il eft plat à la Mille-feuille, convexe à la Matricaire.

Il eft nud à la Laitue, pointillé au Piffenlit, velu au Chardon, hériflé de foies à la Jacée, chargé de pailletes à la Camomille.

Les fleurs cénobites tiennent en quelque forte le milieu entre les fleurs fimples, & les fleurs compofées.

J'appellerai fleur *cénobite*, un affemblage de petites fleurs dépendantes réciproquement les unes des autres, & ayant quelque partie commune à toutes, foit calice, ou réceptacle. Telles font les fleurs aggrégées & les ombelliferes.

Les fleurs *aggrégées* forment ordinairement une forte de tête, ou de boulon, avec un calice commun, & un réceptacle commun à fa bafe; comme à la Scabieufe.

J'appellerai *fleuretes*, chacune des petites fleurs, qui vivant pour ainfi dire en communauté, ne peuvent être re-

gardées que comme les parties intégrantes d'une fleur aggrégée.

Ces fleuretes font completes ou incompletes : completes, fi elles ont
chacune leur corollete propre, & leur
calicet propre ; incompletes, fi elles
manquent de l'un ou de l'autre. Leur
corollete eft pluripétale à la Staticée,
& unipétale à la Cardere.

La fleur en ombelle, ou *ombellifere*,
eft formée de l'affemblage de plufieurs
fleuretes pluripétales ; ayant la plûpart
une collerete pour calice commun, &
toutes généralement un réceptacle commun dépecé en rayons concentriques,
comme à la Ciguë.

Les fleuretes, ou parties intégrantes
de l'ombelle, font fimilaires ou diffimilaires. J'appelle fleuretes fimilaires,
celles qui font toutes femblables entr'elles, comme fi elles avoient été
jettées dans le même moule ; & j'appelle fleuretes diffimilaires, celles entre lefquelles on obferve des différen-

ces affez fenfibles , comme fi la nature avoit voulu mettre de la fubordination entre les membres de ces petites communautés. Le moindre coup d'œil qu'on jettera fur les fleurs de la Coriandre & du Panais , éclaircira mieux ma penfée qu'une longue differtation. L'ombelle de la Coriandre a un contour rayonnant, comme une auréole, parcequ'elle eft compofée de fleuretes diffimilaires ; tandis qu'elles font toutes fimilaires, & par-tant point d'auréole au Panais.

L'ombelle eft plate à la Berle ; elle eft convexe à l'Angelique ; elle eft d'abord convexe , puis plate , & enfin concave à la Carote.

L'ombelle eft fimple à la Nodiflore ; elle eft compofée au Fenouil. On appelle l'ombelle compofée, parafol.

L'ombelle compofée a tout-à-la-fois une collerete générale, & des colleretes particulieres , au Tiffelin ; elle a des colleretes particulieres fans collerete générale au Cerfeuil ; elle n'a

nulle collerete quelconque à la Po-
daigue.

On pourroit bien rapporter encore
aux fleurs cénobites, les fleurs en cimier, les fleurs en minet, & les fleurs
à balle; mais ce feroit peut-être trop
d'innovations à la fois.

La fleur en *Cimier*, ou fauſſe ombelle, eſt formée de l'aſſemblage de
pluſieurs fleuretes, ayant ordinairement une collerete pour calice commun, & toujours un réceptacle commun dépecé en rayons concentriques,
& ſous-diviſé en baguettes excentri-
ques, comme au Sureau.

Le cimier eſt formé de fleuretes
pluripétales au Cornouiller; unipétales ſimilaires à l'Yeble; unipétales diſſi-
milaires, formant une eſpece d'auréole,
à l'Obier.

La fleur à *minet*, eſt formée de l'aſſemblage de pluſieurs fleuretes, la
plûpart ſans corolle, & ayant ordinairement pour calices des chatons, &

toujours pour réceptacle commun, un poinçon oblong, comme au Saule.

La fleur *à balle*, est formée de l'assemblage de plusieurs fleuretes sans corolles, n'ayant que des balles, tant pour calice commun, que pour calicets, & pour réceptacle commun, une rape oblongue, comme au Seigle.

Les fleurs à balle forment des épillets, ou des loquetes.

Plusieurs épillets réunis forment un épi au Chiendent, une panicule au Tremblin; & j'appelle ces sortes de panicules *épillées*.

Plusieurs loquetes réunies forment une panicule à l'Avoine, une botte, ou épi bottelé, un faux épi, au Falari.

Fleurs monstrueuses.

Tant que je n'ai considéré les fleurs que dans l'ordre de la nature, je n'étois pas assez en garde contre les accidents du sort, ni contre les prestiges de l'art;

& trouvant dans les jardins quantité de plantes fort différentes de celles que j'avois vues dans les campagnes, comment imaginer qu'elles duſſent être rapportées aux mêmes eſpeces ?

Mais en y regardant de plus près, il eſt aiſé de s'aſſûrer qu'il y a parmi les végétaux, des monſtres de plus d'une eſpece, plus même que parmi les animaux; & pour ne parler encore que des fleurs, j'en trouve de monſtrueuſes par défaut, par excès, par excroiſſance, par confuſion, & par erreur, ou ſi cela ſe peut dire, par *quiproquo.*

La monſtruoſité *par défaut* la plus remarquable, c'eſt lorſque la corolle manque entierement, ou preſqu'entierement, comme il arrive quelquefois aux Campanules, aux Violetes, &c.

La monſtruoſité eſt *par excès* dans les fleurs confluentes, les fleurs ſemi-doubles, les fleurs doubles, les fleurs multiples, les fleurs pleines, les fleurs proliferes, & les fleurs tirſiferes.

La fleur *confluente*, est celle où deux corolles sont réunies & confondues, ce qui se voit clairement dans une belle variété de Muguet.

La fleur *semi-double*, est celle où les petales sont multipliés aux dépens d'une partie des étamines, ce qui est très aisé à remarquer dans tant de variétés de Renoncules.

La fleur *double*, est celle où les petales sont multipliés aux dépens de toutes les étamines, & font avorter même le pistil, comme dans les plus belles variétés de Giroflée.

La fleur *multiple*, est celle dont le calice est fort multiplié, comme il arrive quelquefois à l'Œillet, & à un tel point, que chacune de ces fleurs ressemble alors à une sorte d'épi.

La fleur *pleine*, est celle dans laquelle les petales & les calices, ou quelquefois les petales & les nectaires, sont multipliés avec une égale profusion, comme il se voit dans une très belle variété de Narcisse, qu'il ne faut pas confondre avec la variété moins rare du Narcisse à fleur double.

On peut également distinguer trois belles variétés d'Ancolie monstrueuse ; la premiere à fleur double & complete, la seconde à fleur double & incomplete, & la troisieme à fleur multiple.

La fleur *prolifere*, est celle qui reproduit immédiatement une ou plusieurs autres fleurs. La maniere la plus connue, c'est lorsque la fleur qu'on peut appeller *secondaire*, s'éleve directement du milieu du réceptacle de la *Mere-fleur*, ce qui n'est pas rare à une espece d'Anemone ; ou lorsqu'une ombelle primitive pousse de son centre une ombelle secondaire, ce qui n'est pas non plus bien rare au Tiffelin. Une autre forme de fleur proliferé, c'est lorsque la fleur primitive pousse latéralement du bord de son réceptacle, quelques fleurs secondaires, ce qui constitue une jolie variété de Pacrete, où l'on voit quelquefois la Mere-fleur ombragée de toutes parts par une nombreuse progéniture.

La fleur *tirfifere*, eft celle qui pouffe de fon centre un tirfe ou branche garnie de feuillage, comme je l'ai vû plus d'une fois à la Rofe ; ce qui fait fur-tout un très bel effet, lorfque le tirfe parvient jufqu'à redonner des fleurs à fon tour.

La fleur monftrueufe *par excroiffance,* eft celle qui acquert dans quelqu'une de fes parties, une grandeur exorbitante, comme il arrive quelquefois au ftyle du Salfifis.

La fleur monftrueufe *par confufion,* eft celle où tout femble déforganifé, comme au Mufcari, dit *Lilas de terre,* qui femble réduit aux feuls ftiles, ou plutôt à des pédicules colorés & terminés par une efpece de frange, unique veftige de la fleur.

La fleur devient monftrueufe *par qui proquo,* en plufieurs manieres. Ou le

calice, en se colorant & s'éloignant en
même tems de la corolle, donne à la
fleur un faux air de fleur prolifere, ce
qui n'est pas raré à la Primevere ; ou
le disque d'une fleur radiée, se répand
sur toute la circonférence, & étouffe
son auréole, ce qui constitue une jolie variété de Pacrete à fleur rouge ; ou
l'auréole au contraire se répand sur le
disque, ce qui constitue une autre variété de Pacrete assez connue, & une
belle variété de Camomille, qu'on appelle Romaine. Enfin le cimier de
l'Obier ayant pareillement une sorte
d'auréole, la même chose lui arrive,
aussi, ce qui constitue une très belle
variété, que l'on appelle Obier-pe-
lote-de-neige.

Position des Fleurs.

Il ne suffit pas de considérer les
fleurs isolées & détachées, il est bon de
les examiner aussi en place.

Les

Les fleurs naiffent de la racine même à la Primevere ; de la tige au Pois ; des nœuds au Serpolet ; de l'extrémité de la tige & des branches, & je les appelle fleurs terminantes, au Refeda ; de l'enfourchure des rameaux, à la Scrofulaire ; de l'aiffelle des feuilles, & je les appelle fleurs axillaires, à la Mauve ; à côté des feuilles à la Morelle ; d'entre les feuilles à l'Afclepias ; des nœuds des feuilles au Volandeau verticillé ; de la queue des feuilles au Nériet ; du dos des feuilles au Houffon ; à l'oppofite des feuilles au Becdegru.

Les fleurs montent directement à l'Œillet : elles font appliquées fur la tige au Velar ; inclinées, préfentant leur difque de face, à la Chicorée ; rabattues au Chardon pendeloque ; pendantes au Muguet.

Les fleurs font affifes (1) à la Chicorée.

_____

(1) Portant immédiatement fur la tige fans pédicule.

Tame I.   C

Elles font en pied (1) au Pêcher.

Le pedicule de la fleur eft fimple à la Rofe, compofé au Calament ; il eft foyeux au Tremblin ; tors en fpirale au Mni-hygrometre ; il fe tortille & fe rabat pour enterrer les femences, au Trefle femeur.

Les fleurs font *folitaires* (2) au Bec-degru fanguin ; deux à deux au Bec-degru mauvin ; au moins trois à trois au Becdegru cigutin.

Elles font *éparfes* (3), à la Pervenche.

Elles affectent un feul côté au Genouillet.

Elles viennent par toupets (4) au Poirier.

_____

(1) Portant fur un pedicule propre.

(2) Une à une.

(3) Répandues en quantité, & fans ordre fur la tige.

(4) Trois à quatre pedicules partant du même point.

En *bottes* (1), au Millet.

En *bouquets* (2), à l'Œillet bouquet-tout-fait.

En *boulons* (3), ou *conglobées*, au Trefle.

En *corimbes* (4), au Lierre.

En *grapes* (5), à la Vigne.

En *verticilles* (6), au Pouliot.

En verticilles si serrés, qu'ils représentent un épi à la *Mente-en-épi*.

---

(1) Différentes des toupets, en ce qu'elles font partie d'une panicule ou d'un épi.

(2) Ayant plusieurs fleurs droites près-à-près.

(3) Plusieurs fleurs ramassées en tête ronde, ou boulon.

(4) Plusieurs fleurs en pied, disposées sur un axe à peu de distance les unes des autres, & s'élevant à proportion.

(5) Le pédicule étant fort ramifié.

(6) Plusieurs fleurs entourant la tige, comme par anneaux, d'étage en étage, en guise de fuseau.

Les fleurs viennent en épi (1), au Bled. L'axe de l'épi est appellé *rape*, parceque l'attache de chaque fleurete y trace de petites éminences comme de petites consoles, qui représentent les dents d'une rape.

L'épi a plus ou moins de rangs, suivant les especes, sur-tout à l'Orge.

L'épi est lâche au Falari ; serré au Fléon ; entrecoupé au Pani interrompu.

L'épi est simple à l'Egilope, composé de plusieurs épillets (2) au Segle.

Les fleurs viennent en *panicule* (3), & la panicule est étalée à l'Avoine, serrée au Dactile.

La panicule est composée de loquetes au Millet ; d'épillets à la Brome.

La fleur se tourne incessamment vers

_____

(1) Plusieurs fleuretes rangées de suite, sur un axe, ou rape fort grêle.

(2) Sorte de petits épis qui font partie d'un grand épi, ou d'une panicule.

(3) Plusieurs pédicules étant diversement sous-divisés.

le foleil, en fuivant fon mouvement
journalier, au *Corona-folis* des Fleuriftes.

Les fleurs s'épanouiffent, dit-on,
au Salfifis jaune, . . . à 3 h. du m.
au Liondent, ... à 4
à la Crépille-des-toits, à 4 & demie.
au Laitron doux, . . . à 5
au Piffenlit, ... à 5 & demie.
à la Porcelle-des-prés, à 6
à la Pulmoniere, . . . à 6 & demie.
à la Laitue des jardins, à 7
au Figuet barbu, . . . à 8
à la Pilofelle rameufe, à 9

Les fleurs fe referment,
au Piffenlit, ... à 9 h. du m.
à la Laitue des jardins, à 10
à la Crépille des Alpes, à 11
au Laitron de Laponie, à midi.
à l'Œillet prolifere, . . à 1 h. du f.
à la Pulmoniere, ... à 2
au Souci fauvage, . . . à 3
au Souci d'Afrique, . . à 4
au Nénufar blanc, . . . à 5
an Pavot nud, ... à 7

Ainsi ces Plantes pourroient en quelque sorte servir d'horloge.

D'autres serviroient presque de ba-
romerre, comme le Souci d'Afrique.

D'autres servent d'hygromerre, &
notamment l'espece de Mni qui tire son
surnom de cette propriété.

CHAPITRE IV.

Des Fruits.

LE *Fruit* eſt cette production des plantes qui contient la ſemence deſti-née à multiplier l'eſpece.

Je ſais qu'on ne donne vulgairement le nom de fruit, qu'à celui qui eſt un peu ſucculent & paſſablement gros ; mais c'eſt trop limiter la ſignification de ce terme.

On diſtingue au fruit trois parties, qui ſont, le *péricarpe*, la *ſemence* & le *placenta*.

Le *péricarpe* eſt la partie du fruit qui envelope & défend les ſemences.

La *ſemence* eſt comme l'œuf de la plante ; c'eſt le principe de ſa repro-duction.

Le *placenta* eſt la partie du fruit ſur laquelle la ſemence porte immédiate-ment.

C iv

On diftingue plufieurs fortes de péricarpe ; favoir , la capfule , la filique ,
la gouffe , le follicule , la prunette (1) ,
la pomette (2), la baie , & la toupie, ou
cone.

La *capfule* eft une efpece de péricarpe
en forme de petite boëte , compofée de
plufieurs valves , ou panneaux fecs ,
plus ou moins durs.

Je trouve douze capfules à la Joubarbe , fix au Butome , cinq à l'Ancolie ,
quatre au Tilli , trois au Delfin , deux
à l'Erable , & une feule à la Gentiane.

La capfule eft longue à la Savoniere ,
courte & prefque sferique au Mouron ,
courbée au Ceraifte , torfe à l'Ormiere ,
aîlée à l'Orme.

La capfule eft à cinq valves, ou panneaux , au Volandeau , à quatre panneaux au Neriet , à trois panneaux à
la Violete , à deux panneaux à la Chelidoine.

---

(1) Ou fruit à noyau.
(2) Ou fruit à pepin.

La capfule s'ouvre par fon fommet à cinq dents à la Morgeline, à quatre dents à l'Œillet : elle s'ouvre près de fa bafe à la Campanule, elle s'ouvre en long, comme une valife, à l'Ancolie; elle s'ouvre horifontalement, comme une boëte à favonete, au Pourpier; elle s'ouvre par fes angles fimplement à l'Alluya, avec explofion à la Balfamine : elle n'eft jamais fermée au Refeda.

La capfule eft fimple ou compofée de plufieurs loges, c'eft-à-dire, partagée intérieurement en plufieurs cavités par une ou plufieurs cloifons intermédiaires.

Je trouve une capfule à dix loges au Lin, à huit loges à la Milgraine, à fix loges à l'Ariftoloche, à cinq loges à la Pirole, à quatre loges au Fufain, à trois loges au Buis, à deux loges à la Jufquiame; fimple, ou à une feule loge à la Primevere-coucou.

Dans les capfules à plufieurs loges,

C v

on trouve souvent une sorte de poteau,
ou de *pilier* vertical qui soutient les
diverses cloisons, comme au Lin.

Lorsque la capsule est un peu charnue, & renferme une espece de gland,
on donne à cette chair ferme & seche,
le nom de *brou*, comme au Châtaigner.

La cupule du gland de Chêne, est
une demie capsule.

La *silique* est une espece de péricarpe
formé de deux panneaux assemblés par
un *chassis* qui sert de placenta aux semences, comme au Cresson.

La silique s'ouvre de la base au sommet.

Lorsque la silique est fort courte,
ayant ses deux dimensions (longueur &
largeur) presqu'égales, on la nomme
silicule, comme au Lépidion.

Le chassis est ouvert, & ne consiste
qu'en une simple bandelete tournant
autour des panneaux, au Pastel.

Il est fermé par une pellicule qui partage la cavité de la silique en deux loges,

comme dans les animaux le médiaftin partage la poitrine en deux cavités latérales, ce qui a fait donner à cette cloifon le même nom de *médiaftin*, au Sinapi.

Le médiaftin eft pofé parallélement aux panneaux de la filicule dans l'Aliffon ; il eft pofé perpendiculairement aux panneaux dans le Tlafpi.

Les femences font attachées au chaffis, ou aux bords du médiaftin, par une efpece de cordon ombilical, comme à la Giroflée.

La *gouffe* eft une efpece de péricarpe oblong, compofé de deux *coffes* affemblées par leurs bords, dont le fupérieur fert de placenta aux femences qui y font attachées alternativement par une forte de cordon ombilical, comme au Genêt.

Lorfqu'une gouffe n'a gueres plus de longueur que de largeur, je l'appelle *gouffere*, comme au Trefle.

On appelle future la ligne d'affemblage des deux cofles d'une goufle ou goufete.

La goufe eft fimple à la Vulnériere ; elle eft articulée & partagée par divers étranglements fuivant fa longueur à la Coronille, interrompue dans fa longueur par des efpeces de petites lames perpendiculaires, au Lotier ; elle femble formée de plufieurs portions foudées enfemble, à la Grifete.

Elle eft arquée avec une forte de goutiere en deffus à l'Aftragale ; elle eft foufflée en guife de veffie au Baguenodier.

Le *follicule* eft une efpece de péricarpe membraneux en forme de fachet, & qui s'ouvre par le côté, comme à l'Afclépiade.

La *prunette* (ou fruit à noyau) eft une efpece de péricarpe charnu & fucculent, qui renferme un noyau.

Or le *noyau* eft une efpece de caiffe dure comme un petit os, qui renferme & défend la femence.

Et la femence renfermée dans le noyau, eft appellée *amande*, au moins lorfqu'elle eft un peu groffe.

On donne le nom de *pulpe*, à la fubftance charnue ou médullaire des fruits.

On donne le nom de *brou*, à la chair du péricarpe, lorfqu'elle eft très ferme & non fucculente, comme à la Noix.

La *pommette* (ou fruit à pepin) eft une efpece de péricarpe charnu & folide qui renferme des pepins.

Le *pepin* eft une femence revêtue d'une envelope membraneufe, ou calleufe.

La *baye* eft une efpece de péricarpe, ordinairement de la groffeur d'un pois, mou à fa maturité, & contenant plufieurs femences au milieu d'une pulpe fucculente, comme au Houx.

Quand les bayes font ramaffées en grape, en corimbe, ou en cimier, on leur donne le nom de grains, comme au Grofeiller, au Lierre, au Sureau.

La baye eſt ſimple à la Morelle ; elle eſt compoſée à la Ronce.

La baye eſt une corolle qui eſt devenue charnue à la Muſquine ; c'eſt un chaton charnu au Genievre ; c'eſt un péricarpe ſucculent à la Brione ; c'eſt un réceptacle charnu au Roſier ; c'eſt un placenta ſucculent au Fraiſier.

La baye du Coquerer eſt renfermée dans une eſpece de bourſe colorée , à laquelle on donne quelquefois le nom de *veſſie* , qui provient du calice , & qu'on prendroit mal-à-propos pour une capſule.

La *toupie,* ou *cone,* eſt une eſpece de péricarpe oblong , compoſé de pluſieurs gaînes écailleuſes , comme au Pin.

Les *ſemences* ſont renfermées dans une capſule à la Mollene ; dans une ſilique à la Roquete ; dans une gouſſe à la Lentille ; dans un follicule à la Pervenche ; dans un noyau au Pru-

Et la femence renfermée dans le noyau, eft appellée *amande*, au moins lorfqu'elle eft un peu groffe.

On donne le nom de *pulpe*, à la fubftance charnue ou médullaire des fruits.

On donne le nom de *brou*, à la chair du péricarpe, lorfqu'elle eft très ferme & non fucculente, comme à la Noix.

La *pommette* (ou fruit à pepin) eft une efpece de péricarpe charnu & folide qui renferme des pepins.

Le *pepin* eft une femence revêtue d'une envelope membraneufe, ou calleufe.

La *baye* eft une efpece de péricarpe, ordinairement de la groffeur d'un pois, mou à fa maturité, & contenant plufieurs femences au milieu d'une pulpe fucculente, comme au Houx.

Quand les bayes font ramaffées en grape, en corimbe, ou en cimier, on leur donne le nom de grains, comme au Grofeiller, au Lierre, au Sureau.

La baye eft fimple à la Morelle ; elle eft compofée à la Ronce.

La baye eft une corolle qui eft devenue charnue à la Mufquine ; c'eft un chaton charnu au Genievre ; c'eft un péricarpe fucculent à la Brione ; c'eft un réceptacle charnu au Rofier ; c'eft un placenta fucculent au Fraifier.

La baye du Coquerer eft renfermée dans une efpece de bourfe colorée, à laquelle on donne quelquefois le nom de *veffie*, qui provient du calice, & qu'on prendroit mal-à-propos pour une capfule.

La *toupie*, ou *cone*, eft une efpece de péricarpe oblong, compofé de plufieurs gaînes écailleufes, comme au Pin.

Les *femences* font renfermées dans une capfule à la Mollene ; dans une filique à la Roquete ; dans une goufle à la Lentille ; dans un follicule à la Pervenche ; dans un noyau au Prunier; dans un offelet (1) au Néflier; dans un pepin dur à la Vigne; dans un pepin membraneux au Pommier; dans une pulpe ferme au Nénufar; dans une pulpe fucculente à la Morelle. Elles font envelopées d'une coque rude à la Cinoglofe, tendre au Fufain, feche à la Mauve, cartilagineufe au Chêne; on appelle *gland* cette coque cartilagineufe qui renferme une groffe femence.

Les femences font à nud, & quatre à quatre à la Betoine; trois à trois au Titimale; deux à deux au Perfil; une une à la Perficaire.

On diftingue à la femence deux parties, favoir la *graine*, ou femence proprement dite, & la *couronne* qui n'eft qu'une partie acceffoire, & qui manque à la plûpart des femences.

Les femences ont une longue queue provenante du ftile à la Pouffatile.

_____

(1) L'*offelet* eft une forte de pepin dur comme du bois, ou comme un petit os.

La *graine* ou femence proprement dite, étant ouverte, on y diftingue le germe, qui en eft la partie effentielle, & le cotyledon; le tout recouvert d'une *tun que* qu'on peut regarder comme une efpece d'Amnios, pareil à celui des animaux naiffans.

On reconnoit aifément fur cette tunique dans quelques femences, le *hil*, ou nombril, où étoit inféré le cordonnet qui l'attachoit au placenta, comme à la Feve.

On diftingue au *germe* deux parties également importantes, favoir la *radicule* qui eft le germe de la racine, & la *plumette* qui eft le germe de la tige d'une plante à venir. On donne auffi quelquefois à la plumette le nom de *plantule.*

Le *cotiledon* eft une forte de lobe, ou lopin charnu, deftiné à fournir la premiere nourriture au germe d'une graine.

L'expanfion du cotiledon forme ordinairement la premiere feuille, ou feuille féminale de la plante naissante.

On ne trouve point de cotiledons aux Mousses. On seroit tenté d'en compter quatre au Lin, & dix au Pin ; mais ce ne font que deux cotyledons échancrés au Lin, & découpés chacun en cinq fegmens au Pin.

Toutes les Plantes femblent fe partager naturellement en deux grandes tribus, des Bicotiledones & des Unicotiledones ; celles-là ayant très conftamment deux cotiledons, comme le Pois ; & celles-ci n'en ayant jamais qu'un feul comme le Bled.

La *couronne* eft une partie acceffoire de la femence, qui eft pofée au-deffus de la graine, comme pour la couronner.

La couronne eft pofée immédiatement fur la tête de la graine à la Pilofelle ; elle eft portée fur une *tigete*, ou petit pivot, au Piffenlit.

Lorfque la couronne eft chargée de pointes, ou de languettes membraneufes , on l'appelle couronne *antique* , comme à la Chicorée ; lorfqu'elle eſt chargée d'une aigrete , on l'appelle couronne *aigretée*.

L'*aigrete* eſt une forte de broſſe , ou de pinceau de poils déliés.

Si ces poils font fimples , je l'appelle *aigrete à poils* , comme à la Laitue ; s'ils font ramifiés en guife de barbes de plume , je l'appelle *aigrete à plumes* , comme à la Valeriane.

Ces fortes de femences reſſemblent aſſez à des volants à jouer ; la graine repréſentant le culot , & l'aigrette les plumes du volant.

Le *placenta* eſt le réceptacle propre de la femence , qui fe confond fouvent avec le réceptacle de la fleur , à qui feul convient proprement le nom de récep-tacle.

Le placenta eſt fec & adhérent au réceptacle à l'Argentine ; il eſt charnu , lardé de femences , & fans adhérence au réceptacle , au Fraifier.

Le placenta eft en forme de future au Pois; en forme de colonne à la Mauve.

Toutes les herbes des champs font dévouées à la mort auffi tôt qu'elles ont porté des graines à maturité; leur rôle fur la terre eft rempli : germer, croître, fleurir, grainer & dépérir, voilà à quoi fe réduit tout le cercle de la vie végétale. Ce feroit trop m'écarter, que d'en faire ici le parallele avec la vie animale; mais combien d'hommes femblent croire que la vie ne leur a été donnée que pour cela!

CHAPITRE V.
Des Tiges.

LA Tige est cette partie des plantes qui part immédiatement de la racine, & qui soutient tout le reste. C'est comme le corps de la plante.

Il y a dans la plûpart des plantes un intervalle indécis entre la tige & la racine, qu'on appelle le *collet*, comme au Panais.

La tige est ronde & cylindrique au Troefne; anguleuse à l'Airelle; triangulaire au Souchet; quarrée à la Mente; à quatre angles à vive arrête au Grateron; à cinq angles à la Margrite; plus mince par le bas que par le haut à l'Ellebore-Griffon. Elle est applatie avec des bords feuillés à la Gesse; cannelée à l'Ache; fillonée au Pigamon.

Elle s'élargit quelquefois monstrueusement au Sedon de Portland.

Elle eſt noueuſe à l'Œillet ; ſans nœuds au Jonc. J'appelle *nœud*, une eſpece de renflement où deux portions de tige ſont comme ſoudées enſemble ; & j'appelle *entrenœuds*, ou *falanges*, les portions de tiges compriſes entre deux nœuds.

La tige eſt haute à peine de trois à quatre lignes au Mni ; elle s'éleve à plus de cent pieds au Peuplier : elle a tout au plus une ligne de diametre à la Morgeline des guerets ; elle a dix, & juſqu'à vingt pieds & plus de circon-férence au Chêne.

La tige eſt dure à la Bruyere ; tendre au Seneçon (1) ; ſeche au Houſſon ; ſucculente à la Béte ; pleine à la Gui-mauve ; creuſe à la Scabieuſe ; creuſe & bombée en ſon milieu à l'Oignon ; laiteuſe à l'Eſule ; remplie d'un ſuc jaune à la Chelidoine.

_____

(1) On appelle tige *herbacée*, une tige ten-dre & peu durable.

La tige eft verte à l'Ieble, cendrée au Sureau, blanchâtre au Marrube, brune à l'Ormiere, rougeâtre à l'Armoife, tachetée à la Ciguë.

La tige eft droite & ferme au Chardon ; pliante à la Morelle-douffamere ; prenant diverfes inflexions d'un nœud à l'autre à la Buplevre-faucille ; farmenreufe à la Vigne ; recourbée en queue de fcorpion à fon extrêmité fleurie, à l'Eliotrope ; grimpante en fe roulant à droite au Liferon, en fe roulant à gauche au Houblon ; foible & retombante au Gaillet ; rampante à la Nummulaire ; traçante au Lierre ; racinante (1) à la Ronce.

La tige eft garnie de feuilles à la Confoude ; elle eft prefque nue à la Lampfane ; elle eft liffe à l'Afperge ; elle femble un peu farineufe au Pigamon ; elle eft gluante, & comme poiffée à l'Aulne ; foyeufe à la Pilofelle ;

_____

(1) Repouffant des racines de fes nœuds.

hérissée de poils à la Crapaudine ; velue à la Mente sauvage ; cotoneuse au Fila- gon ; drapée à la Mollene ; rude au Grateron; piquante à l'Ortie ; épineuse, armée d'épines simples à l'Aubepine , d'épines fourchues à l'Agacia , d'épines en trident au Berberis.

La tige est annuelle au Lis ; elle est vivace à la Giroflée-ramodor. Au reste sa durée dépend beaucoup des circonf- tances , & sur-tout de la chaleur du climat.

La tige est entierement à l'air à l'O- reille ; elle est en partie sous terre au Chiendent - officinal ; elle est toute dans l'eau aux plantes aquatiques , comme la Macre , &c.

La tige se contourne un peu pour se diriger au soleil à l'Eliotrope ; pour se diriger à l'air presqu'à toutes les plantes enfermées. On appelle *nutation* , ces sortes d'inflexions des plantes.

La tige est unie à la Bistorte ; elle est branchue à la Giroflée.

La tige branchue pouffe fuccefive-
ment divers rameaux collatéraux dont
elle eft toujours diftinguée , comme au
Lilas.

Les rameaux s'élevent autour de la
tige à l'If ; ils s'écartent au Saule ; ils
fe rabattent au Cyprès , dit mâle ; ils
fe fubdivifent irrégulierement au Delfin.

Les rameaux font alternes à l'Aubépine ; oppofés deux à deux au Chevrefeuille ; verticillés , ou oppofés autour
de la tige trois à trois , au Nérion.

Les rameaux naiffent dans les aiffel-
les des feuilles au Sifimbe.

L'affemblage des branches ou des
fions , forme un buiffon au bas de la
tige, au Rofier ; il forme une efpece de
cône au Cyprès ; une efpece de tête au
Pommier.

La tige du Mni eft haute de trois à
quatre lignes ; celles du Peuplier s'éleve
à plus de cent pieds.

J'appelle *aiffelle* la partie d'une tige

ou

ou d'une branche qui eſt à demi-cachée par la baſe, ou par la queue d'une feuille.

Les *branches* ſont comme les bras des arbres.

Les branches s'appellent auſſi rameaux.

Les rameaux ſouples & flexibles de la Vigne, prennent le nom de *ſarments.*

On appelle *pampre*, un ſarment garni de feuilles & de grapes.

On appelle *drageons*, *pétreaux*, ou *sions*, les rejettons ou petites tiges grêles qui pullulent au pied d'un arbre, ou arbuſte.

On appelle *tirſe*, une baguete ou houſſine garnie de feuillage.

La tige eſt ſimple, compoſée, ou articulée.

La tige ſimple ſe continue de bas en haut ſans interruption, comme à la Méliſſe.

Tome I. D

La tige *composée* se ramifie tellement qu'elle se perd dans ses sous-divisions, sans qu'on puisse dire quelle est la branche, ou la continuation de la tige, comme à la Centauriette.

La tige se subdivise toujours de deux en deux à la Mâche, de trois en trois à la Clematite.

La tige *articulée* est formée de plusieurs piéces assemblées bout à bout

Elle est articulée sans moyen, lorsque ses diverses piéces sont simplement emboëtées l'une dans l'autre, en guise de tuyaux de poële, comme à la Prele.

Elle est articulée avec moyen, lorsque ses diverses piéces sont enfilées en maniere de chapelet, au moyen d'une espece de cordon, comme à une fausse plante aquatique, nommée Coralline.

La *hampe* est une espece de tige improprement dite, qui n'est destinée qu'à porter les fleurs & les fruits, & qui passe presqu'aussi-tôt, tandis que la

plante subfiste d'une année à l'autre,
comme à la Primevere. La hampe est
aussi quelquefois nommée *tige florale*.

La hampe est simple au Pissenlit ; elle
est nue à l'Ail ; garnie de feuilles à
l'Anemone ; garnie de stipules écail-
leuses à la Tussilage.

Elle soutient une seule fleur à la
Scorsonnere ; plusieurs fleurs au Muguet.

La Bugle a une tige traçante, & une
hampe droite.

Le Cirsion dit sans tige, n'a point du
tout de tige.

La tige des bleds s'appelle plus proprement chaume.

Le *chaume* est une espece de tige lé-
gere, creuse, propre à faire des chalu-
neaux.

Le chaume est simple au Sirpe ; articulé au Chiendent.

Il est nud au Souchet jaunâtre ;
garni de feuilles au Souchet odorant.

Il porte des épis au Segle ; des panicules à l'Avoine.

Il eſt rond au Sirpe ; triangulaire au
Souchet ; quarré à la Feſtuque mou-
tonne ; droit au Fléon ; genouillé au
Vulpin aquatique ; courbé au Paturin des bois ; couché à l'Agroſtis de
chien ; très haut au Sirpe des étangs ;
très petit au Sirpe ſoyeux.

On appelle proprement *tronc*, la tige
dure, haute & durable qui fait le corps
des arbres , comme au Chêne.

On diſtingue dans la coupe d'un
tronc d'arbre , cinq parties principales ;
ſavoir , l'écorce , le livret , l'aubier , le
bois & la moëlle.

L'*écorce* eſt aux arbres , ce que la
peau eſt aux animaux , & même aux
ſimples herbes , comme au Chanvre.

L'écorce déchirée dans le tems de la
ſeve , rend en forme de larmes une eau
douce à l'Erable ; de la gomme au Prunier ; de la réſine au Sapin.

L'écorce eſt ordinairement recouverte d'une pellicule mince, que l'on
appelle *épiderme*, ou *ſurpeau*.

L'épiderme n'eſt regardé que comme
une partie acceſſoire de l'écorce. Il s'en-
leve facilement, & ſouvent de lui-
même au Bouleau.

Le *livret* eſt quelquefois appellé ſeconde écorce. C'eſt une pellicule feuil-
letée, interpoſée entre l'écorce & l'aubier.

L'*aubier*, ou *aubour*, eſt ſordinaire-
ment blanchâtre & aſſez tendre ; c'eſt
en quoi il differe du bois, dont il ſemble faire les premieres couches.

Le *bois* eſt aux arbres, ce que ſont
les os aux animaux.

La moëlle eſt la partie intérieure & la
plus mollete d'une tige. Elle eſt très
abondante au Sureau.

Le tronc des *Arbriſſeaux* approche
de la dureté & de la hauteur des arbres ;
mais la plûpart ſe ramifiant preſqu'à
fleur de terre, ne forment que des
buiſſons peu élevés.   D iij

On appelle *Arbustes*, ou *sous-Arbrisseaux*, des plantes très basses, dont la tige approche de la dureté du bois, comme la Bruyere.

Toutes les plantes semblent se partager d'elles-mêmes en deux ordres ; arbres & herbes. Les arbres sont assez distingués des herbes, par leur hauteur combinée avec la dureté de leur tige ; à quoi on peut ajouter la considération de leur durée. Enfin ce qui acheve de les caractériser, ou du moins les arbres de nos climats, ce sont leurs boutons, où de petites feuilles tapies l'une sous l'autre, se forment sourdement pendant l'hiver, pour bourgeonner au printems suivant.

Entre les arbres & les simples herbes, il y a quelques intermédiaires qui sont les arbrisseaux, & les arbustes où sous-arbrisseaux : ceux-là, quoique d'une médiocre hauteur, sont rapportés aux arbres, parceque leur tige a la dureté du bois; & ceux-ci, malgré la dureté de leur tige, font rapportés aux herbes, à raifon de leur petiteffe.

La tige eft fouvent chargée, non-feulement de branches, de boutons, de feuilles, de fleurs, de fruits, de ftipules, des bractéoles, mais encore d'épines, d'aiguillons, de vrilles, de poils, de glandes.

L'*épine* eft une pointe dure & piquante, tellement adhérente à la tige qu'on ne peut l'en détacher fans déchirement, comme à l'Aubépine. L'épine provient de l'expanfion de la fubftance même du bois.

L'*aiguillon* eft un piquant qui tient peu, de forte qu'on le détache aifément fans rien déchirer, comme à l'Ortie. Il provient uniquement de l'expanfion de l'écorce.

La *vrille* eft un gros filet contourné, placé dans l'aiffelle d'un rameau, ou d'une feuille, pour s'acrocher aux corps voifins. On l'appelle auffi *main*, comme au Pois.

Le *poil* proprement dit, est flexible, comme à la Velvote.

La plûpart des Plantes perdent leurs poils en vieilliffant, comme nous-mêmes devenons chauves.

La *foie* est une forte de poil roide & presque inflexible, comme des foies de fanglier.

Les *cils* font des efpeces de poils roides, rangés fur les bordures, comme ceux qui bordent nos paupieres.

Le *coton* réfulte de l'affemblage d'une infinité de poils fins & mollets.

La *glande* est dans les plantes, à-peu-près comme dans les animaux, une efpece de petit corps organique qui fert de filtre à quelques humeurs.

CHAPITRE VI.

Des feuilles.

JE ne trouve aucunes feuilles à la Morille ; je ne vois pour toutes feuilles, que les découpures d'une lame rampante à la Marchantine , que des espece d'écailles au Nidoisel , que des piquans au Jomarin , que des vrilles à l'Afaque.

Les *feuilles* , vraiment dignes de ce nom , sont plates & minces , comme au Lilas.

On y distingue deux *faces* , ou *pages* , l'une supérieure , & l'autre inférieure , que l'on peut appéller le *recto* & le *verso*.

La feuille a ses deux faces planes au Poirier , ondées (1) , ou bouillonées à

---

(1) C'est-à-dire , qu'ayant trop d'ampleur à proportion de sa bordure , elle s'éleve & s'abaisse alternativement , comme les ondes.

D v

la Laitue, boffelées, crépues au Chou-
pommé.

La face fupérieure eft concave à l'A-
faret ; fouvent creufée en cuilleron au
Buis.

La plûpart des feuilles ont une côte
principale, ou arrête dorfale, qu'on
appelle *caréne* , qui partage la feuille
en deux feuillets.

La caréne eft ordinairement convexe
en deffous,& concaveen deffus,comme
à l'Ofeille ; elle eft très rouge à la Pa-
tience-fangmêlée ; elle eft hériffée de
piquans à la Cardere.

Les deux feuillets font ordinairement
égaux, comme au Cerifier ; ils font
inégaux à l'Orme.

Par rapport à la figure, la feuille eft
circulaire au Gobeleau ; arrondie à la
Violete ; ovale à la Velvote ; oblongue
à la Patience ; allongée en forme de
langue à la Scolopendre; en lentille à la
Lenticule ; en palete à la Plantinelle ;
en lozange au Peuplier noir ; en cœur à

la Lampourde ; en rein au Lierret ; en coin au Pourpier ; en raquete au Reveille-matin ; en navete au Sedon rougeâtre ; en lame d'épée au Narcisse ; en bayonnete à l'Iris ; en lance, & je l'appelle feuille *élancée*, au Housson ; en lancete à la Valériane rouge ; en pique à l'Arom ; en fleche au Fléchier ; en alene au Paturin subulé ; en lacet au Chiendent officinal ; en aiguille articulée aux rameaux, ce qu'on appelle feuille *acérée*, à l'If ; en violon à la Patience-violon ; en lire au Sisimbe-Irion ; soyeuse à la Festuque-durete ; chevelue au Nardet ; de deux sortes, étroite au-dessus de l'eau, beaucoup plus étroite sous l'eau à la Morginate verticillée.

On appelle improprement feuilles, celles qui ont plus de deux faces, ou qui n'en ont qu'une seule. Ainsi la feuille est prismatique à trois pans au Sedon-trique ; elle est ronde & longue en vermisseau, ou en rouleau plein, au

D vj

Sedon vermiculaire ; demi cilindrique à la Maſtife grêle ; fiſtuleuſe, ou en tuyau creux à la Ciboule.

A l'égard de la forme, la feuille eſt roulée en deſſous à la Canneberge ; roulée en long en cylindre au Chiendent jonché ; pliée en goutiere à l'Orquis bouffonne ; pliſſée (c'eſt-à-dire pliée à petits plis en papier de lanterne) au Charme.

Par rapport au volume, la feuille eſt fort ample à la Bardane, fort petite au Serpolet.

Si l'on conſidére les feuilles naiſſantes, elles ſont rabattues à la Pouſſatile ; embriquées au Pourpier ; chevauchantes à l'Iris ; fermées en cayer au Chêne ; pliſſées à la Vigne ; roulées en cornet à l'Arom ; en boulete terminante à la Fougere ; roulées en dedans à la Violette ; en dehors à l'Oſeille ; enroulées (les bords des feuilles oppoſées ſe couvrant alternativement) à l'Œillet.

L'aire , champ , ou difque de la feuille, eft femé de points glanduleux tranfparens au Milpertuis.

La feuille eft entiere au Clapet ; elle eft partagée en diverfes portions , en lobes (arrondis) à l'Angélique ; en feg-mens (aigus) au Chanvre.

Les fections s'étendent du fommet vers la bafe à l'Alcée ; des côtes vers la carêne à la Milfeuille.

La feuille eft fendue en deux lobes au Ricci bleuâtre ; en trois lobes à l'Agripaume ; en main ouverte à l'Elle-bore griffon ; en palmette à fept lobes à la Dentaire.

Elle eft fendue en trois fegmens au Bident triparti ; en crête de coq à la Pédiculaire ; en dents de peigne à l'Epi-deau à peigne.

Elle eft recoupée à la Jacobée ; déchi-quetée en lambeaux au Fenouil , en la-nieres fines à la Sophie , en cheveux à l'Afperge ; les feuilles d'en-bas font chevelues , & celles d'en-haut en rondache à la Renoncule-grenouillette.

La feuille eft fendue en deux , & ne porte des feuillets qu'au-dedans de fa courbure à plufieurs efpéces d'Arom; je l'appellerai feuille *croſſée*.

Au refte , il ne faut pas beaucoup compter fur les découpures qui font fujetes à trop de variétés.

La Crépille de Diofcoride a été défignée fous plufieurs noms divers, & fouvent par les mêmes Auteurs , parcequ'elle a fes feuilles , tantôt découpées fort profondement , tantôt entieres ou feulement dentées, quelquefois crépées & ondées.

Le Sifimbe amphibie a fes feuilles plus découpées dans les marais que fur les collines.

En général dans les lieux aquatiques les feuilles d'en bas font les plus découpées , & elles font au contraire les moins découpées dans les lieux fecs.

La feuille eft découpée en ailerons, & je l'appelle feuille *ailée* au Cerfeuil ;

en pinnules ou comme en nageoires, &
je l'appelle feuille *empennée* au Capillaire.

Ce qui fait une feuille ailée c'eſt la
ramification de ſa tigete ; ces ramifi-
cations ſont, pour ainſi dire, redoublées à la Pouſſatile ; elles ſont multipliées encore davantage au Peucedan,
dont la tigete ne porte des feuillets, qu'à
ſa cinquieme ſous-diviſion.

Dans la feuille empennée, les pinnules ſont oppoſées à la Filicule ; alternes à la Sauvevie; les pinnules ſont
oppoſées par paires, mais alternativement grandes & petites à l'Aigremoine;
oppoſées par paires, mais terminées par
une pinnule impaire, plus grande que
les autres à l'Ormiere.

Il faut encore conſidérer aux feuilles,
leur baſe, leur ſommet, leur marge,
leur ſuperficie, leur couleur, leur odeur,
leur ſaveur, leur ſubſtance intérieure.

La baſe de la feuille eſt arrondie à la
Pirole; anguleuſe au Jonc-des-crapauds;

échancrée au Lierret ; à oreilles à l'Afaret ; hériffée de cils à l'Afclépiade.

Le fommet de la feuille eft aigu à la
Patience fauvage ; pointu au Gremil ;
terminé par un piquant , au Houffon ;
émouffé à la Géneftrole velue ; fourchu
au Callitric d'autonne ; armé de plufieurs cornichons à la Cornifle.

La marge ou bordure de la feuille ,
eft unie au Clapet ; ourlée au Romarin ;
cartilagineufe au Staquis des montagnes ; denchée , c'eft-à-dire, chargée
d'une forte de dents à bafe fort large ,
au Piffenlit ; crenelée (1) à la Germandrée ; dentée au Fufain ; furdentée au
Bouleau ; dentée en fcie au Châtaigner;
furdentée en fcie au Staquis germanique ; vivrée au Licope (2) ; finuée à

_____

(1) Les crenelures font directement oppofées
à la carene de la feuille , fans regarder ni le
fommet , ni la bafe.

(2) Vivrée , c'eft-à-dire , contournée comme
en ferpentant.

l'Ormin (1) ; garnie de piquans au Marifque, de glandes à l'Obier.

La *fuperficie* de la feuille eft liffe au
Porreau ; luftrée à l'Epideau luifant ;
verniffée au Nénufar ; poiffée à l'Aulne ;
faupoudrée d'une fine fleur, à l'Ancolie ;
foyeufe en deffous, à l'Argentine ; ve-
loutée à la Guimauve ; duvetée en deffous au Poliom ; cotoneufe à l'Ourfon ;
pluchée à la Crapaudine ; drapée à la
Mollene ; rude, raboteufe au Grateron ; pointillée à l'Aliffon des montagnes ; ridée à la Bourrache ; chagrinée
à l'Orvale ; cannelée (2) au Jonc bul-
beux ; parfemée de veines paralleles,
au Muguet ; de veines ramifiées, à la
Campanule ; de veines *abouchées*, c'eft-
à-dire, rentrant les unes dans les autres, au Populage ; de nervures au
Plantain.

(1) Les finuofités font des échancrures de la
marge.

(2) Les cannelures font comme des demi-ca-
naux, dont le fond eft arondi.

J'appelle *veines*, des lignes fuperfi-
cielles tracées fur le difque d'une
feuille, & qui paroiffent indiquer des
vaiffeaux. Et j'appelle *nervures*, des
lignes en relief, répandues fur le difque
d'une feuille, & qui partent ordinairement de la carene, & ne fe ramifient
point.

La fuperficie de la feuille, eft femée
de véficules, ou petites veffies (pour
l'ordinaire), à l'Orme; de poils, ou de
tuyaux, au Roffoli.

Elle eft armée d'aiguillons à l'Ortie;
d'épines au Houx.

Elle eft quelquefois chargée de manne
au Frêne; de fucre à l'Erable; de miellée au Tilleul (1).

La feuille eft chargée de grains, ou
de capfules à fon dos au Ceterac, à fon
bord au Houffon.

_____

(1) Il ne faut pas confondre la miellée d'où
les abeilles tirent le miel, avec la matiere
de la cire qu'elles recueillent fur les anteres.

La feuille eft verte au Froment ; bleuâtre, ou verd de mer, à la Chélidoine ; rougeâtre à la Beterave ; tachetée de noir à la Perficaire douce ; jaune au Troefne ; bigarrée au Bliton tricolor ; liferée de blanc à la Coronille.

La feuille a une odeur douce au Serpolet ; forte à l'Acante ; difgracieufe à la Jufquiame ; puante à la Maroute ; *une odeur* de chenil au Chevrefeuille (lorfqu'on la froiffe) ; d'œufs couvés à la Chélidoine ; de maquereau pourri à l'Arroche vulvaire.

La feuille a un goût acide à l'Ofeille ; très amer à l'Ariftoloche ; piquant au Creffon ; acre à la Roquete ; cauftique à la Renoncule fcelerate.

Si j'entame la feuille pour en connoître l'intérieur, je trouve fa fubftance croquante fous la dent, à la Charagne ; feche & mince au Chêne ; mince & fucculente à la Béte ; épaiffe & fucculente à la Joubarbe ; rendant un lait clair au Laitron ; blanc & âcre à l'Efule ; jaune à la Chelidoine.

La plûpart des feuilles font attachées à la tige , par le moyen d'un petit brin , que l'on appelle , *queue* , *tigete* , où *pétiole*.

La queue eft longue à l'Arom ; courte à la Mollene ; cannelée à la Berle ; fillonée au Baffinet ; creufée en goutiere au Chou ; creufée en tuyau au Populage ; renflée dans fon milieu à la Macre ; enroulée à la Clématite ; chargée de petites glandes à l'Obier ; de points calleux , au Saule jaunâtre.

La queue eft peu diftinguée de la feuille , n'étant que le bas de la carene, accompagnée de quelques feuillets étroits , & pour ainfi dire , commen-çans, au Piffenlit ; la feuille n'a point du tout de queue à la Buglofe.

Le haut de la queue eft appellé *talon* , lorfqu'il eft foiblement articulé au bas de la feuille , & feuillé lui-même , comme à l'Oranger.

La queue s'infere ordinairement à la base de la feuille, en son bord, comme au Pêcher; elle s'infere dans le champ même de la feuille à sa face inférieure, & on l'appelle feuille *pavoisée* (ou en pavois, en rondache), à la Capucine.

Elle a une appendice qui envelope la tige dans une certaine étendue, & lui prête une sorte de collier, à la Persicaire.

La feuille est *articulée*, c'est-à-dire, formée de l'assemblage de plusieurs feuillets, posés bout à bout, de manière que la premiere sert comme de queue à la suivante, à la Génistelle.

La feuille est composée, c'est-à-dire, formée de la réunion de plusieurs feuilletes sur une queue, ou pétiole commun, au Marondier.

J'appelle *feuilletes*, chacune des petites feuilles qui sont les parties intégrantes d'une feuille articulée, ou composée.

Dans la feuille composée, les feuil-

letes partent du même point de division, plus de cinq ensemble, & on les
appelle feuilles *en éventail*, au Marondier ; cinq à cinq à la Quinte-feuille ;
trois à trois au Trefle ; deux à deux,
& on les appelle feuilles *conjuguées*, à
la Gesse anguleuse. Il y a des feuilles
simples & des feuilles en trefle au Genêt ; des feuilles en trefle & des feuilles
en quinte-feuille, à la Ronce.

Il y a plusieurs conjugaisons de feuilles disposées en barbes de plume sur
une côte, ou pétiole commun, au
Noyer ; la côte de la feuille composée
de plusieurs conjugaisons, est terminée
par une paire de feuilletes, à la Feve ;
par une feuillete impaire, à l'Agacia ;
par un filet à la Gesse des marais ; par
une vrille à la Vesce ; par un éperon à
l'Orobe.

Les feuilles partent de la racine
même, & je les appelle feuilles radi-
cales, à la Sanicle ; de la tige à la Giroflée ; les unes partent de la racine, les

autres partent de la tige, & different des premieres, à la Globulaire.

La feuille est attachée immédiate-ment à la tige, à la Tormentille, je l'appelle feuille *affise*; elle l'embrasse à demi par sa base, à la Tourete; elle l'embrasse en entier, au Panicaut, je l'appelle feuille *embraffante*; elle l'en-toure en guise de ceinturon, à la Perce-feuille, je l'appelle feuille *enfilée*, par-cequ'elle semble percée en son centre; elle lui sert comme de fourreau, à l'Ail, je l'appelle feuille *à gaine*; elle des-cend & court sur la tige, en guise de jabot de chemise, au Chardon des ânes, & je l'appelle *feuille courante*, ou *feuille en jabot*.

Deux feuilles opposées se réunissent par leur base, au Chevrefeuille; & je les appelle feuilles *foudées*, ou *con-fluentes*; elles enferrent la tige, en forme de cuvete, à la Cardere, & je les appelle feuilles mâtées.

Les feuilles montent presque directement à l'Orpin ; elles font inclinées horifontalement à la Laitue fauvage ; nageantes , ou flotantes fur l'eau , au Nénufar ; plongeantes à la Renoncule grenouillète.

Les feuilles font éparfes fans ordre , à l'Eperviete ; toutes tournées du même fens , au Genouillet ; deux à deux envelopées par leur bafe , dans une gaine membraneufe , au Pin , & je les appelle feuilles *couplées* ; affemblées trois à trois , au Genievre ; par bottes à l'Abricotier ; drues à la Linaire ; embriquées à la Bruyere ; alternes (1) au Lierre ; oppofées (de front , la tige entre deux) à la Salicaire ; trois à trois en oppofite , à la Bruyere à balais ; quatre à quatre à la Croifete ; cinq à cinq en étoile , au Grateron ; en verticilles (c'eft-à-dire , par anneaux en forme de fufeau) au Gaillet jaune ; en fautoir par paires

_____

(1) C'eft-à-dire , montant par degrés le long de la tige chacune de fon côté alternativement.

croifées ,

croisées, à la Bruyere ; opposées & alternes sur le même individu, à l'Epideau nain.

J'appelle *feuillage*, tout l'assemblage des feuilles d'une plante.

Le feuillage est cilindrique au Hip ; ovalaire au Mni ; triangulaire à la Fontinelle ; en verticilles au Grateron ; à quatre pans, par l'entrecroisement des paires de feuilles, au Cyprès.

Le sommet du feuillage forme une houpe colorée sur la tête de la fleur, au Mélampire ; un épi à l'Origan.

Le feuillage périt, & se renouvelle d'année en année, au Saule ; il subsiste tout l'hiver au Buis.

Les feuilles suivent journellement le mouvement du soleil, ce qu'on appelle feuilles *héliotropes*, à la Mauve.

Le feuillage précede ordinairement les fleurs ; il vient presqu'en même tems que les fleurs, au Cérisier ; immédiatement après les fleurs, au Prunier ; quelque tems après, au Tussilage ; les

Tome I.   E

fleurs viennent en automne, & le feuillage au printems fuivant, au Colchique.

On appelle *ftipules*, des efpeces de
feuilletes, ordinairement écailleufes,
qui fervent à emmailloter, pour ainfi
dire, les bourgeons des arbres.

On donne encore le nom de *ftipules*, à des efpeces de feuilletes acceffoi-
res, qui fervent comme de fatellites
aux feuilles principales de diverfes
plantes, comme à l'Aubepine.

Les ftipules, font placées à la bafe
d'une feuille, au Haricot ; fur la queue
de la feuille, à la Perficaire ; fur la tige
à la Mauve ; à l'oppofite de la feuille,
à la Coronille mineure ; elles font feule
à feule, au Houffon ; par paires au Haricot ; trois à trois à l'Afperge.

Les ftipules font en oreilletes, au Lotier ; en alenes au Jomarin ; épineufes
à l'Agacia ; en demi-vol (1) à l'Orobe ;

_____

(1) C'eft-à-dire, en aîles emplumées d'un
feul côté.

dentelées à la Bugrande arrête-bœuf ;
comme des foies à la Bugrande mineure ; crenelées au Pois ; en lame d'épée
à la Niſſole.

J'appellerai *braƈtéole*, ou *feuille florale*, une ſorte de feuille finguliere,
qui vient ſur la hampe, & qui differe
tant des feuilles ordinaires, que des
pétales, comme à la Pouſſatile.

Fourure.

J'appelle *fourure*, ce qui met les tendrons des plantes à l'abri des rigueurs
de l'hiver : tels font les boutons & les
bulbes.

Le *bouton* fert de fourure aux tendrons hors de terre : il eſt ordinairem en
formé de ſtipules, ou de feuilletes
écailleuſes.

Les boutons font oppoſés, & à pédicules au Buis ; oppoſés & à ſtipules au
Nerprun ; alternes, à pédicules & à
ſtipules, au Prunier.

Le bouton ne renferme que des ten-

drons de feuilles tapies l'une fous l'autre, fans fleurs, à l'Aulne; il y a deux
fortes de boutons, d'un à feuilles, &
l'autre à fleurs, au Peuplier : ce bouton
à fleurs, s'appelle plus proprement
œilleton.

Le bouton commençant à s'épanouir
au printems, prend le nom de *bour-
geon*.

On appelle communément bouton
de Rofe, la fleur prête à s'épanouir,
mais encore renfermée dans fon calice;
ainfi les boutons du Rofier, & les boutons de Rofe font chofes différentes.

Le *bulbe* fert de fourure aux tendrons
fous terre.

On donne quelquefois un peu plus
d'extenfion au nom de bulbe ; ainfi on
attribue à l'Orquis un bulbe charnu ;
à la Clandeftine, un bulbe articulé,
ou formé de lames enchaînées l'une à
l'autre ; mais tout cela ne fait point de
vrais bulbes.

On appelle *cayeux*, les rejettons d'un

oignon. Le cayeu est effectivement un petit oignon, qui poussant sourdement entre deux tuniques de l'oignon principal, paroît à côté, aussi-tôt que la tunique extérieure qui l'envelopoit, vient à se flétrir.

Le bulbe a pour base, une espece de *plateau* charnu, qui est le vrai principe de la racine. C'est de ce plateau que part le *chevelu*.

Le bulbe est formé de tuniques emboîtées l'une dans l'autre, à l'Oignon ordinaire; il est écailleux, ou formé de lames épaisses & embriquées au Lys.

Le bulbe de l'Oignon étant le plus connu de tous, on donne vulgairement le nom d'oignons aux bulbes des autres plantes bulbeuses.

E iij

CHAPITRE VII.

Des Racines.

LA *racine* semble ne pas faire partie de la plante, mais plutôt constituer seule toute la plante, à la Trufe. Au contraire, on n'apperçoit aucune racine à la Fervale.

La racine des arbres ne differe presque du tronc, que par sa situation ; c'est un tronc enterré. Cela est si vrai, qu'en replantant à rebours un arbre arraché, on fait changer de fonction, & en apparence de nature, à la racine & au tronc.

La racine, quoique assez menue, approche de la dureté du bois, à la Bugrane arrête - bœuf ; on l'appelle racine *ligneuse*.

La racine est charnue, à la Patate ; elle est propre à faire de la farine, à l'Orquis ; elle eft fpongieufe , & fe renfle par l'humidité , à la Confoude ; elle eft fongueufe à la Brione.

La racine eft pleine & folide dans fa jeuneffe, creufe & fiftuleufe dans fa vieilleffe , à la Ciguë ; elle eft longue & mollete , mais avec un cordon (1) folide, regnant le long de fon axe , au Salfifis.

La racine eft pleine de lait blanc & doux , à la chicorée ; d'un lait acre , au Colchique ; d'un lait jaune, à la Chelidoine.

La racine eft branchue au Poirier ; noueufe à l'Afaret ; genouillée au Coqueret.

La racine eft vivace (2) , groffe , divifée par cercles & par rayons , à la Brione ; elle eft à-peine annuelle au

---

(1) On appelle *cordée* , la racine qui a aquis un cordon , ayant d'abord été charnue.

(2) *Vivace* , qui dure plufieurs années. *Bifannuelle* , qui ne dure que deux ans. *Annuelle*, qui périt chaque année avec la tige.

E iv

Froment ; elle périt sans retour avant la tige, à la Cuscute, qui devient dèslors nécessairement parasite.

La racine vit & repullule, quoique coupée par rouelles, ou par quartiers, au Cran : c'est un vrai Polipe végétal.

La racine est longue au Panicaut ; ronde, en boule, à la Ternoix ; cilindrique à la Buglose ; conique au Navet ; en poinçon à la Carote ; en fuseau à la Rave ; anguleuse à l'Asaret ; ébrechée à la Valériane ; quarrée au Lierret ; fibreuse au Segle (1) ; filamenteuse à la Percemousse ; chevelue au Politric ; comme de la soie à la Marchantine ; imperceptible, ou nulle, au Noftoc.

La racine est formée de petits grains à la Saxifrage blanche ; de tubercules (2) à la Ficaire ; elle est charnue avec des tubercules olivaires, suspendus par de

---

(1) Les fibres sont grosses comme de petites ficelles.

(2) Masses charnues presqu'en forme d'oignon.

menues fibres, à la Filipendule ; articulée à la Clandestine.

Elle est comme dentelée, à la Dentaire. Elle représente un scorpion, au
Doronic ; une culote, à la Mandragore.

La coupe de la racine représente une
aigle impériale, à la Fougere ; arrachée,
elle jette du lait, se ride, & son lait se
grumelle bien-tôt à la Chondrille.

La racine est droite à la Fumeterre ;
elle est torse au Souchet ; elle est on-
doyante à l'Eufraise.

Les racines s'entrelacent au Houblon ;
elles s'entortillent ensemble, à la Lon-
quite.

Je trouve des racines nombreuses à
la Jacobée ; j'en trouve fort peu à proportion du tronc, au Sapin.

La *botte* est un groupe de racines
charnues, oblongues ; & la pate, un
groupe de racines tuberculeuses.

La racine est blanche au Genouillet ;
jaune au Genêt ; brune à la Patience ;
rouge à la Beterave ; verdâtre à la Filicule.   E v

La racine est aromatique au Carvi; elle a une odeur forte à la Valériane; fétide à la Ciguë; dégoûtante à la Juſquiame; elle ſent la poix, au Peucedan; le chenil à la Cinogloſe; elle ſent le Gerofle à la Benoite.

La racine eſt inſipide à la Centauriete; fort âcre à la Renoncule; brûlante à l'Arom; aſſez fade à l'Ortie; ſucrée au Chervi; gluante à la Bourgene; ſalée au Chevrefeuille; aſtringente à la Biſtorte.

La racine s'enfonce perpendiculairement en terre (on l'appelle racine *pivotante*), à l'Ache; elle rampe près de la ſurface, à la Pervenche; elle trace au Chiendent; elle eſt enterrée ſous l'eau, à la Charagne; elle reſte ſuſpendue entre deux eaux, & tenue à plomb par le moyen d'une eſpece de petit foureau en éteignoir renverſé, à la Lenticule; elle eſt implantée ſur des troncs d'arbres, au Guy; ſur des racines d'herbes, à l'Orobanche; on appelle ces deux dernieres eſpeces, racines *paraſites*.

Une plante eſt vraiment paraſite, lorſqu'elle croît ſur une autre, & vit à ſes dépens. Les unes naiſſent paraſites, ſoit des tiges, ou des racines, comme nous venons de le dire du Guy & de l'Orobanche; les autres le deviennent néceſſairement, quoiqu'elles ne ſoient pas nées telles, comme la Cuſcute; les unes le ſont eſſentiellement, & ne ſau-roient vivre en terre; les autres ne le ſont que par occaſion, & peuvent très bien ſe paſſer de l'être, comme pluſieurs plantes fongueuſes, qu'on appelle Champignons lorſqu'elles viennent en terre, & Agarics lorſqu'elles viennent ſur les arbres, ſans tigete propre.

Nous ne voyons parmi les hommes, rien qui reſſemble au Guy, ni à l'Oro-banche : mais que d'Agarics & de Cuſ-cutes !

CHAPITRE VIII.

Syſtême de Botanique.

LE même ordre que j'ai ſuivi pour
donner une idée des diverſes parties qui
entrent dans la compoſition des plantes
en général, je le ſuivrai dans l'examen,
& la deſcription de chaque plante en
particulier; c'eſt-à-dire, que la prenant
toujours dans l'état le plus avantageux,
dans l'âge de ſes amours, je conſidé-
rerai d'abord ſa fleur, puis ſon fruit,
& ſucceſſivement ſa tige, ſon feuillage,
& enfin ſa racine.

Dans la deſcription de la fleur, je
commencerai par la corolle, d'où je re-
viendrai au calice; & ce ne ſera qu'a-
près avoir levé ce double voile, que je
décrirai l'étamine, puis le piſtil, &
enfin le réceptacle. Dans la deſcription
de la corolle, les pétales précéderont

les nectaires. Dans la description des pétales, je rendrai compte de leur nombre, de leur position, de la forme de chacun, & enfin de leurs proportions respectives.

Je suivrai constamment le même plan dans le détail de toutes les parties, lorsqu'il pourra paroître nécessaire de n'en omettre aucune.

Pour le fond des descriptions, je me garderai bien de trop prendre sur moi ; j'aurai soin du moins de les confronter avec celles des meilleurs Auteurs. Je me réduirai même le plus souvent qu'il me sera possible, à copier, ou traduire leurs *frases*, & principalement celles du célebre Von Liné ; tout ce qui importe au Public, c'est que je ne les copie pas trop servilement.

Arbres.

Je considérerai les fleurs des Arbres, un peu moins scrupuleusement, &

Tome I.   *

pour ainſi dire, en gros. Si les plantes
doivent être diſtinguées par des ca-
raĉteres ſenſibles, cette condition eſt
ſurtout eſſentielle par rapport aux Arbres. En effet, qui eſt-ce qui voudroit
s'aſſujetir à traîner après ſoi à travers
champs, une échelle, & un microſco-
pe, pour aller obſerver à la cime
d'un Hêtre, ou d'un Peuplier, le nombre des étamines preſque imperceptibles, qui compoſent chaque fleurete de
leurs Minets ?

En récompenſe, je ferai une attention particuliere à leurs fruits, qu'on a
moins de peine à ſe procurer.

Diſtribution des Plantes.

Toutes nos plantes ainſi décrites, je
ſuivrai encore le même ordre dans leur
diſtribution ſur mon Catalogue ; c'eſt-
à-dire, que donnant toujours la préférence aux fleurs, puis aux fruits, &c.
je rejetterai aux derniers rangs, toutes

les plantes dépourvues de fleurs au moins apparentes ; qu'entre les plantes à fleurs, je ferai marcher les fleurs completes avant les incompletes, les corolles pluripétales avant les unipétales, les régulieres avant les irrégulieres ; puis venant aux périantes, je placerai les fleurs à calice, avant les fleurs à balle.

Lorfqu'ayant épuifé toutes les différences fenfibles, ou trouvant tout pareil entre deux plantes, par rapport à leur fleur, il me faudra avoir égard au fruit, je rangerai les plantes qui ont des fruits à capfule, avant celles qui ont leurs femences à nud.

Enfin dans chaque genre des plantes, les efpeces pourvues d'une tige quelconque, doivent être rangées à mon avis, avant les efpeces fans tiges, & ainfi du refte.

CLASSES.

Depuis le Chêne, honneur de nos forêts , jufqu'au Liquen, qui en fixant fes
petits grapins fur quelques points d'une
écorce , n'y fait qu'une tache peu fenfible , à-peine l'Auteur de la Nature a-t-il
marqué une feule ftation; & nous avons
befoin d'en faire plufieurs, pour fuivre
fa marche de loin.

La diftribution par claffes , par ordres, par fections , eft le vrai moyen de
nous ménager ces points de repos , pour
foulager notre mémoire , & éviter la
confufion de tant d'objets épars dans
l'Univers.

Les claffes , quoiqu'entierement arbitraires , fuppofent toujours un choix
réfléchi. Elles doivent être bien cir-
confcrites , point trop chargées , point
trop nombreufes ; mais le point effentiel , c'eft que le dévelopement en foit

facile ; enfin il eſt à déſirer que l'on y
procede conſtamment, du plus au moins
ſenſible.

Je me propoſe de diſtribuer toutes
nos plantes en ſix claſſes , où je ſerois
très flaté que l'on pût trouver toutes ces
conditions remplies.

La premiere claſſe ſera des plantes à
fleurs compoſées , c'eſt-à-dire , dont
chaque fleur eſt un groupe de fleurons
étroitement & eſſentiellement unis.

La ſeconde des plantes à fleurs completes , c'eſt-à-dire , dont chaque fleur
a tout-à-la-fois ſon calice propre , & ſa
propre corolle.

La troiſieme des plantes à fleurs incompletes , c'eſt à-dire , dont chaque
fleur n'a qu'une ſeule eſpece de tégument , un calice ſans corolle.

La quatrieme des plantes à fleurs
éflorées , c'eſt-à-dire , dont la fleur n'a
ni corolle, ni calice proprement dit ,
& où les parties eſſentielles , ou paroiſ-
tout-à-fait à nud , ou ſont tout au plus

recouvertes de quelque ſpate, chaton, ou balle.

La cinquieme des plantes à fleurs étéroclites, c'eſt-à-dire, où les parties mêmes les plus eſſentielles à la floraiſon (étamines & piſtils), ne ſe voyent pas bien diſtinctement.

La ſixieme, enfin des fleurs tout-à-fait imperceptibles, ou abſolument nulles.

Maintenant en confrontant les plantes dans toutes leurs parties, j'en trouve des quantités qui ont tant d'affinité entr'elles à divers égards, qu'il ſemble que la Nature même invite à les rapprocher les unes des autres ; c'eſt ce qu'on appelle des *familles* naturelles.

Ces traits de reſſemblance, qui conſtituent l'air de famille, ſont très frapans, & ſautent pour ainſi dire, aux yeux dans les unes ; ils ſont au contraire ſi peu ſaillans, ſi foiblement exprimés dans les autres, qu'il faut beaucoup de ſagacité, & des attentions redoublées pour les faifir, & que tout le monde n'en eft pas également affecté. Je fuis parti de-là pour recueillir les premieres avec le plus grand foin, & ne pas trop m'inquiéter des autres ; & voici ce qui en a réfulté , en ne faifant pour le préfent , l'application de ce principe , qu'aux feules plantes com-munes.

J'y ai compté vingt-fept familles plus diftinctes , & mieux prononcées que le refte , & véritablement fi naturelles , qu'elles font prefque univerfellement reconnues , & révérées comme telles.

Une feule de ces familles , forme comme deux branches, ou deux lignées, dont l'une fe rapporte à la feconde , & l'autre à la troifieme des claffes ci-def-fus énoncées.

Les vingt-fix autres familles vien-nent conftamment , & comme d'elles-mêmes , fe ranger chacune en entier, dans telle ou telle claffe , & me fervent à en former les principales fections.

Plus des trois quarts des plantes se trouvent renfermées dans ces vingt-sept familles.

Quant aux autres, ne voulant rien forcer pour les réduire en familles, je les ai réservées à un plus ample examen, & j'en ai composé les dernieres sections de chacune de mes six classes.

SOUS-DIVISIONS

DES SIX CLASSES.

CLASSE PREMIERE.

Des Plantes à Fleurs composées.

CETTE Classe sera divisée en trois Sections.

 I. Fleurs radiées.
 II. Fleurs à Fleurons.
 III. Famille des Lactucées.

Famille des Lactucées.

Toutes ces plantes ont des fleurs composées de demi-fleurons.

Le calice écailleux.

Le piftil a deux ftigmates roulés en dehors.

La tige laiteufe.

Les feuilles alternes.

CLASSE SECONDE.

Des Plantes à Fleurs completes.

Cette Claffe fera divifée en vingt Sections.

I, Famille des Dipfacées.
II. . . . . . des Ombelliferes
III. . . . . . des Cruciferes.
IV. . . , . des Paverines
V. . . . . des Rofacées ,
     1°. arbres , 2°. herbes
* . . . . . des Ramnides
VI. ; . . . des Péonides.

Famille des Dipfacées,

Toutes ces plantes ont des fleurs aggrégées en boulon, ou tête ronde, ou oblongue, avec un réceptacle commun, & un calice commun, & chaque fleurete ayant fa corollete propre, & fon propre calicet ; la corollete eft unipétale, découpée à fon limbe, en quatre ou cinq fegmens ; l'embrion eft pofé fous la fleurete, & adhérent à la bafe du calicet.

Les étamines font au nombre de quatre, ou cinq, adhérentes au tube de la corollete.

Les tiges font cilindriques, creufes.

Les branches & les feuilles font oppofées par paires, qui fe croifent ; ces feuilles font au moins affifes, & fouvent embraffantes.

En naiffant, elles font concaves & enroulées, c'eft-à-dire, pliées en deux, de forte que le feuillet droit de l'une, recouvre le feuillet gauche de l'autre, & réciproquement.

Famille des Ombelliferes.

Toutes ces plantes ont des fleurs cénobites, dont les fleuretes font completes, pluripétales, qui femblent incompletes dans la plûpart , le calice étant presque imperceptible.

Ces fleuretes portent sur l'embrion.

Le fruit est composé de deux petites coques appliquées l'une contre l'autre , sur un placenta qui n'est qu'un filet fourchu.

Tel est le caractere essentiel de cette famille.

Les fleuretes sont presque universellement disposées en ombelles , c'est-à-dire , chaque fleurete a son pédicule propre. Tous ces pédicules, se réunissant en un même point , forment une ombelle qui porte sur un pédicule commun , ou baguete. Toutes ces baguetes vont à leur tour aboutir à un même point central , comme autant de rayons, & forment ainsi un parasol , ou ombelle générale de plusieurs ombelles particulieres.

L'ombelle , ou parasol , ressemble en quelque sorte à un bouclier antique.

Famille

Famille des Cruciferes.

Toutes ces plantes ont des fleurs completes, ermafrodites, de quatre pétales difposés en croix, avec un calice de quatre feuilles, en deux paires.

L'embrion dans la fleur.

Le fruit eft une filique, ou filicule.

Les étamines font ordinairement au nombre de fix, dont deux, oppofées l'une à l'autre, font plus courtes, ou pofées plus bas que les quatre autres fur un difque.

Les tiges font cilindriques.

Les feuilles font alternes.

Toutes ont une faveur plus ou moins piquante.

Remarquez le difque, qui foutient les étamines & l'ovaire.

Famille des Pavérines.

Toutes ces plantes ont des fleurs completes, pluripétales, contenant l'embrion.

Tome I. 			F

Leur calice de deux feuilles eſt peu durable.

Les étamines en grand nombre.

Toutes rendent un ſuc blanc, ou jaune, lorſqu'on les entame.

Leurs feuilles naiſſantes ſont pliées en deux dans la moitié ſupérieure, & concaves dans leur moitié inférieure.

Famille des Roſacées.

La plûpart des plantes de cette famille, ont des fleurs completes, pluripétales, & même aſſez belles.

Toutes ont leur calice en tuyau découpé en pluſieurs ſegmens, perſiſtant, & tant les pétales, que les étamines inférés aux bords du calice.

Les étamines ſont en aſſez grand nombre.

Il y a dans cette famille des arbres, & de ſimples herbes. Ainſi je la partagerai en deux parties.

Ramnides, seconde ligne de la famille des
R sacées.

Toutes ces plantes ont des fleurs
completes, contena ntl'embrion ; mais
avec des corolles fi petites , qu'on
a peine à les reconnoître pour ce
qu'elles font : le calice eft partagé
en plufieurs fegmens ; les étamines &
la corolle portent fur fon tube , fans
toucher l'ovaire.

Famille des Péonides

Toutes ces plantes ont des fleurs
affez remarquables , la plûpart même
des plus belles.

Ces fleurs font completes , pluripétales , & leur calice eft pareillement de
plufieurs feuilles peu durables.

Les embrions font contenus dans la
fleur , & entourés de quantité d'étamines.

Les femences font en grand nombre,
foit dans des capfules , ou à nud.

F ij

Toutes ces plantes font herbacées, &
ont une faveur plus ou moins âcre.

Famille des Cariofillées.

Toutes ces plantes ont des fleurs
completes; la corolle pluripétale, réguliere, affez durable; le calice en
cornet, perfiftant; l'embrion dans la
fleur; & leur fruit eft une capfule qui
renferme plufieurs femences, ou une
baie à plufieurs femences également.

Les feuilles entieres & oppofées.

Toutes ces plantes font herbacées.

L'ovaire eft porté fur un difque qui
ne fait point corps avec lui, non plus
qu'avec le calice.

Famille des Jombardes.

Toutes les plantes de cette famille
ont des fleurs completes; à corolle
pluripétale réguliere; calice découpé
en plufieurs fegmens; l'embrion dans
la fleur; & pour fruit plufieurs cap-

fules, qui s'ouvrent en long , en valifes , par leur angle interne.

Leurs feuilles font épaiffes , fucculentes.

Le calice perfifte jufqu'à la maturité
des fruits , à qui fa bafe fert de difque.

Famille des Malvacées.

Toutes les plantes de cette famille
ont des fleurs completes , contenant
l'embrion.

Les pétales ordinairement au nombre de cinq , unis par leur bafe , & qui
s'embraffent fucceffivement par le côté.

Le calice perfiftant.

Plufieurs étamines réunies par leur
bafe , fur un difque.

Plufieurs piftils en obélifque , éfi-
lés par leur foinmet.

Le fruit à plufieurs coques , ou une
capfule à plufieurs loges.

Les pétales font affez durables , mais
ils fe fanent & changent de couleur.

Les feuilles font fimples & alternes,
avec des ftipules peu durables.

Toutes ces plantes ont une faveur
douce, un peu gluante, & une qualité émolliente.

Cette famille eft peu nombreufe dans
nos climats.

Familles des Légumineufes.

Toutes ces plantes ont des fleurs
completes, ermafrodites, de figure
irréguliere, repréfentant en quelque
forte un papillon volant.

La corolle eft de quatre à cinq pétales dans la plûpart.

Le pétale fupérieur eft appellé éten-
dard, ou drapeau ; les deux pétales
latéraux, ayant chacun une efpece
d'oreillete inférieurement, font appellés les aîles ; & le pétale inférieur eft
appellé nacelle, ou gondole. Dans quelques efpeces, cette nacelle eft compofée de deux pétales. Dans quelques autres au contraire, l'étendart,

les aîles & la corolle font tout d'une piece.

Le calice eft conftamment d'une feule piece, ordinairement en cornet découpé.

Les étamines font prefque généralement au nombre de dix, dont neuf font réunies par leurs filamens. Elles font attachées au tube du calice.

Le fruit eft une gouffe, ou légume.

Les pétales font attachés au tube du calice vers le bas.

Famille des Campaniféres.

Toutes ces plantes ont des fleurs completes, unipétales, qui portent fur l'embrion.

Le fruit eft une capfule partagée en plufieurs loges, qui s'ouvrent par le bas, au-deffous de la partie moyenne.

Toutes font herbacées, & rendent du lait quand on les entame.

Les feuilles font fimples.

F iv

La corolle se fane, & persiste jusqu'à la maturité du fruit.

Famille des Solanons.

Toutes ces plantes ont des fleurs
completes, unipétales, régulieres,
ermafrodites.

Et la corolle & le calice sont découpés en cinq segmens chacun.

Cinq étamines égales attachées à la
corolle.

L'embrion dans la fleur.

La plûpart ont pour fruit, une baie
à plusieurs loges, avec un placenta à
son centre, où les graines sont attachées.

Les feuilles sont alternes, & ont une
saveur aqueuse; avant leur dévelopement, elles sont concaves en bateau,
& s'envelopent successivement.

Famille des Curbitacées.

Toutes ces plantes ont deux sortes
de fleurs completes, axillaires.

La corolle eſt attachée & incorporée aux parois du tube du calice, & découpée en cinq ſegmens.

Le calice eſt peu durable, en cloche, & découpé en cinq ſegmens.

Les étamines ſont attachées au tube de la fleur.

Leurs anteres ſont vivrées, ou ſerpentantes, ou godronées en guiſe de fraiſe antique.

Toutes ces plantes ſont herbacées, & preſque toutes ont des vrilles axillaires.

Les branches & les feuilles ſont alternes; ces feuilles avant leur développement, ſont embriquées.

L'embrion eſt poſé ſous la fleur.

Le fruit eſt charnu, ou ſucculent, en pomme, ou en baye.

Famille des Apocinées.

Toutes ces plantes ont des fleurs completes, ermafrodites.

La corolle unipétale, réguliere; le

F v

calice découpé en plufieurs fegmens ; l'embrion dans la fleur ; & pour fruit deux follicules oblongs, qui s'ouvrent en valifes.

Toutes ces plantes étant entamées, rendent un fuc plus ou moins coloré du verdâtre au blanc.

Les feuilles font entieres.

La corolle eft peu durable, découpée en cinq fegmens égaux, un peu courbés de gauche à droite, & un peu embriqués avant leur dévelopement.

Le calice eft découpé en cinq fegmens, perfiftant.

Les étamines font attachées vers le haut du tube de la corolle.

Famille des Borraginées.

Toutes les plantes de cette famille ont des fleurs completes, ermafrodites, contenant les embrions.

La corolle eft peu durable, découpée en cinq parties, & le calice pareillement. Il perſiſte juſqu'à la maturité des ſemences.

Les ſemences ſont à nud au fond du calice , ordinairement au nombre de quatre.

Les feuilles ſont alternes , entieres & rudes.

Famille des Rubiacées.

Toutes les plantes de cette famille ont des fleurs completes , unipétales , & toujours ermafrodites , quelquefois ſtériles , poſées ſur les embrions.

Les fruits gemeaux.

Les feuilles ſont entieres , oppoſées. Elles naiſſent tout ouvertes , & appliquées à plat , les unes en face des autres.

La corolle eſt poſée ſur les bords du tube du calice , qui entourent l'ovaire , & elle perſiſte comme lui.

Les étamines ſont attachées vers le haut du tube de la corolle.

F vj

Famille des Muflaudes.

Toutes les plantes de cette famille ont des fleurs completes, unipétales, irrégulieres, ermafrodites, renfermant l'embrion.

Le fruit est une capfule à une, ou deux loges.

La plûpart de ces fleurs repréfentent en quelque forte un mufle, ou gueule d'animal.

Famille des Labiées.

Toutes ces plantes ont des fleurs completes, unipétales, irrégulieres, renfermant les embrions.

Les femences font conftamment au nombre de quatre, nichées au fond du calice.

Ajoûtez, Fleurs ordinairement verticillées; Feuilles oppofées, & comme brodées; Odeur.

CLASSE TROISIEME

Plantes à fleurs incompletes.

Cette Claſſe ſera diviſée en quatre Sections.

      I. Mélampides, ſeconde ligne des Péonides.

      II. Famille des Liliacées.

      III. . . . . des Orquides.

      IV. A reconfrontrer, 1°. arbres, 2°. herbes.

Mélampides, ſeconde ligne de la Famille des Péonides.

Toutes ces plantes ont des fleurs incompletes, à calice de pluſieurs pétales, ou de pluſieurs feuilles.

Les embrions ſont contenus dans la fleur, & entourés de quantité d'étamines.

Les ſemences ſont en grand nombre, ou dans des capſules ſimples, ou tout-à-fait à nud.

Toutes ces plantes font herbacées, & ont une faveur plus ou moins âcre.

N. B. Cette famille n'eft à proprement parler qu'une ligne collatérale de la famille des Péonides.

Famille des Liliacées.

Toutes ces plantes font unicotiledones. Toutes ont des fleurs incompletes qui femblent affecter dans toutes leurs parties le nombre de trois.

Trois, ou deux fois trois pétales; ou pétale à trois, ou à deux fois trois fegmens.

Trois, ou deux fois trois étamines.

Un feul embrion, ou trois ftiles.

Trois ftigmates, ou ftigmate triangulaire.

Trois, ou deux fois trois capfules, ou capfule à trois loges, ou baie à trois loges.

Placenta à trois bandes, aux bords des cloifons, ou aux angles des loges.

Toutes ont des feuilles affez fimples,

ayant toutes leurs nervures longitudinales ; ou au moins paralleles entr'elles.

Famille des Orquides.

Toutes ces plantes font unicotiledones , & ont des fleurs incompletes, irrégulieres , pofées fur l'embrion , & ra-
maſſées comme en épi au haut des
tiges.

Chaque fleur eſt formée de ſix pétales
qui ſe fanent , mais qui perſiſtent juſqu'à la maturité du fruit.

Le premier qu'on regarde comme un
nectaire , pend en devant en guiſe de
tablier , & je le déſignerai toujours par
ce nom.

Deux autres un peu au-deſſus , que
j'appellerai les aîles ; deux plus extérieurs que j'appelle fourreaux , parcequ'ils recouvrent en quelque forte les
aîles ; enfin un ſixieme plus élevé , &
également extérieur , que je nommerai
le mantelet.

Le tablier fe termine differemment à fa partie poftérieure, fuivant les genres & les efpeces.

Il y a conftamment deux étamines, pofées fur le ftile du piftil, & le piftil eft tortueux.

Le fruit eft une capfule à une loge, formée d'une carcaffe triangulaire, recouverte de trois panneaux.

Il y a fous chaque fleur, une fpate plus ou moins longue.

Les feuilles font entieres, & garnies de fibres longitudinales.

Ces feuilles s'envelopent fucceffivement, & embraffent la tige.

CLASSE QUATRIEME

Plantes à Fleurs efflorées.

Cette Claffe fera divifée en fix Sections.

I. Fleurs à fpates.
II. Famille des Cedrines.

III. Famille des Amentacées.
IV. . . . . . des Graminées,
    1°. Ciperotes, 2°. Grames.
V. Fleurs nues, 1°. arbres,
    2°. herbes.
VI. Fleurs cachées.

Famille des Cédrines.

Toutes les plantes de cette famille ont des fleuretes accumulées, de deux fortes (mâles & femelles), foit conjointes, ou disjointes.

Les étamines font réunies par leurs filaments.

Les péricarpes proviennent des calices.

Les feuilles naiffent toutes dévelopées.

Famille des Amentacées.

Toutes ces plantes ont des fleurs à minets, les fleuretes fans corolle, & avec des chatons pour calicets.

Toutes ont des ftipules.

Ciperotes.

Les Ciperotes ne font proprement qu'une premiere ligne de la famille des Graminées.

Toutes ces plantes ont des fleurs cénobites, & portent dans chaque fleurete, une femence fans péricarpe, nichée fimplement fous un chaton, ou une balle, & ont pour tige des chaumes fans nœuds.

Les feuilles fimples, entieres, & alternes.

Famille des Graminées.

Toutes ces plantes ont des fleurs cénobites, dont chaque fleurete a pour calice, une balle qui renferme un feul embrion.

Leur tige eft un chaume garni de plufieurs nœuds, de chacun defquéls part une petite gaîne, qui fert de bafe à une feuille ordinairement en lacet,

dont les nervures font toutes longitudinales.

Les feuilles, avant leur dévelopement, font roulées en cornet.

CLASSE CINQUIEME

Plantes à Fleurs hétéroclites.

Cette Claffe fera divifée en quatre
Sections.

I. Famille des Fougeroles.
II. . . . . des Mouffes.
III. . . . . des Cruftelles.
IV. A reconfronter.

Famille des Fougeroles.

Toutes ces plantes ont des fleurs peu
connues, quoique affez apparentes.
Elles les portent fur leurs feuilles, dont
la queue n'eft point diftinguée de la
tige même.

Ces feuilles, avant leur dévelopement, font roulées en dedans en croffe

d'Evêque, & souvent couvertes d'une pousfiere écailleuse, brunâtre.

Famille des Mousses.

Toutes ces plantes, ou pour mieux dire ces plantules, ont des fleurs assez manifestes, mais dont les parties sont si petites, que divers Botanistes en ont confondu, ou méconnu plusieurs.

Les feuilles ne se détachent jamais des tiges & des rameaux; ce sont pour ainsi dire, de fausses feuilles.

Ces plantes, quoique très petites, sont presque toutes vivaces, croissent très lentement, & sont très long-tems en fleur.

Dans la plûpart, les anteres sont en forme de petites urnes.

Famille des Crustelles.

Toutes ces plantes, ou pour mieux dire, ces plantules ne présentent presque que des lames, ou des croûtes rempantes.

Ce qu'on regarde comme leurs fleurs, n'en a gueres le caractere apparent.

CLASSE SIXIEME.

A Fleurs inconnues, ou sans Fleurs.

Cette Classe sera divisée en deux Sections.

    I. Famille des fongueuses.
    II. Tremelles.

Famille des Fongueuses.

Toutes les plantes de cette famille n'ont ni fleurs apparentes, ni feuilles proprement dites, ni poils, ni glandes sensibles.

Les semences sont assez sensibles dans quelques espéces, & tout-à-fait inconnues dans le plus grand nombre.

Il est presque impossible de déterminer des genres & des especes, par des caracteres bien constants dans cette famille, quoiqu'elle ne soit pas des moins importantes à connoître.

La plûpart passent très vite , & prennent successivement des formes très différentes dans une si courte durée.

Je désignerai le plus exactement qu'il me sera possible , toutes celles que l'on a observées aux environs de Paris , mais plus sûrement celles que j'y ai trouvées moi-même , & dont j'ai conservé quelques-unes en nature , & fait peindre , ou modeler les plus distinguées.

Tremelles.

Ces plantes semblent les plus imparfaites , & justement les dernieres de toutes.

A peine ose-t-on leur supposer des femences, & moins encore des fleurs.

FAMILLES

Je ne prétens ni contester ni affirmer la possibilité de distribuer par familles toutes les plantes , sans aucune exception. C'est un problème difficile à réfoudre pour les plus grands Botaniftes.

1º. Il y a des familles qui fe rapprochent tellement par leurs extrêmités, qu'elles rentrent pour ainfi dire l'une dans l'autre, fans qu'on puiffe leur affigner de ligne de féparation bien fenfible, ce qui a fait dire à un célebre Auteur, que la *Nature ne fait point de fault*

2º. Les familles dont les limites font plus aifées à circonfcrire, ne nous paroiffent peut-être ainfi, que faute de connoître les plantes deftinées à faire les nuances intermédiaires, que la Nature peut avoir placées dans des régions non encore découvertes.

3º. Il y a telle plante qui paroît toutà-fait ifolée, & qui peut bien néanmoins appartenir à une certaine famille, mais qui n'y tient que par quelqu'une de fes moindres parties, & fi foiblement que l'attention même que l'on eft obligé de donner à un rapport fi léger, éprouve un extrême *deficit* d'affinités plus marquées.

Tome I.

4°. Telle autre plante paroît tenir au contraire à deux ou trois familles à la fois, & participer aux qualités respectives de chacune, de sorte qu'on seroit également fondé à la rapporter ici ou là, tandis que l'idée même de méthode naturelle semble interdire toute détermination arbitraire.

5°. Enfin il n'est nullement vraisemblable que toutes les familles naturelles se suivent en échelle, confinant chacune à deux voisines, l'une en avant, l'autre en arriere, sans aucunes collatérales. Mais s'il s'ensuit de-là une impossibilité morale de les ranger sur une seule ligne, est-il beaucoup plus facile de les disposer sur un autre plan?

La magnificence de la Nature a tout lié, tout fondu ensemble; & nos divisions les plus judicieuses porteront toujours l'empreinte de notre imperfection. Il faudroit que l'homme pût tout voir d'un seul coup d'œil, comme Dieu a tout formé d'un seul jet.

Genres

Genres.

Lorſqu'entre deux plantes de la même famille , ou de la même ſection, je
trouverai une différence notable dans
la fleur , ou dans le fruit , je les conſi-
dérerai comme deux genres diſtincts ,
& leur appliquerai à chacune un nom
génerique : & lorſque je trouverai entre deux plantes toute la conformité
requiſe dans la fleur & dans le fruit ,
je les rapporterai au même genre ,
qu'elles different ou non dans leurs
autres parties.

Dans cet établiſſement des genres ,
je n'aurai égard qu'à la fleur & au fruit,
abſtraction faite de tout le reſte.

Eſpeces.

Il s'enſuit manifeſtement de-là , que
pluſieurs genres auront beſoin d'être
encore décompoſés. Lors donc que je
trouverai entre deux plantes du même
genre , des différences ſenſibles & bien
conſtantes dans telle partie que ce ſoit,

Tome I.   G

je les regarderai comme deux especes
différentes , & j'ajoûterai au nom gé-
nérique , un nom spécifique pour désigner chacune d'elles.

Mais je rapporterai deux plantes à la
même espece, lorsque je ne trouverai
point de différence entr'elles , ou que
j'y en trouverai trop peu , pour m'empêcher de croire qu'elles n'aient pû
provenir originairement de la même
graine.

Individus.

Lorsque je ne trouverai entre deux
plantes aucune différence notable,je les
regarderai comme deux individus de la
même espece. Telles sont deux Carotes
dans un potager , où l'on a semé de la
graine de Carotes.

Il ne faut pourtant pas s'attendre à
trouver toujours la plus parfaite ressem-
blance entre deux individus de la même
espece, lors même qu'ils proviennent
immédiatement l'un de l'autre,ou tous
les deux de la même graine. Les tiges

pourront être plus ou moins fortes, les feuilles plus ou moins découpées, les fleurs colorées différemment (1).

Mais jusqu'à quel point peuvent aller ces différences entre deux plantes de la même espece? c'est ce qu'il est presque impossible de déterminer.

Variétés.

Les plantes ne font pas moins sujetes que les animaux à dégénerer. Le concours fortuit de mille & mille circonstances, peut affecter fort diversement tels ou tels individus, d'où il résultera ce qu'on appelle des *variétés* dans l'espece.

Ces variétés peuvent n'être que passageres & accidentelles, mais elles peuvent se soutenir plus long-tems, & faire race.

Si les mêmes combinaisons de tant de circonstances ne cessent d'influer sur une longue suite de générations, quel-

(1) *Nimiùm ne crede colori*, Virgil.

G ij

ques rejetons d'une race améliorée
d'un côté, & détériorée de l'autre,
pourront à la fin s'éloigner de leur pro-
totipe, au point que toute la sagacité
humaine suffise à peine pour en suivre
la piste, & saisir avec précision les
traits caractéristiques de leur véritable
origine.

Quel est le mortel qui pourroit se
flatter de connoître toutes les especes
de plantes assez à fond, pour ne pas
craindre d'en dépecer quelqu'une, ou
d'en confondre plusieurs, de prendre
quelques variétés pour des especes, ou
quelques especes pour des variétés ? Ce
qu'il y a d'heureux en Botanique, c'est
qu'une erreur de cette nature, ne peut
jamais porter grand préjudice, & que
la découverte de la moindre vérité y
fait toujours le même plaisir.

Pour moi, tout ce que j'ose promet-
tre c'est de ne prendre nulle part un
ton plus affirmatif qu'il ne me convient;
& les occasions ne sont pas bien rares

où il ne me convient que de douter, ou tout au plus de propofer des con- jectures.

Je tâcherai de fignaler chaque efpece par des caractères affez fenfibles pour être à portée de tout le monde, & affez conftans pour n'induire perfonne en erreur.

Je ne négligerai point de marquer les variétés qui paroiffent avoir fait ra- ce & acquis par le laps du tems une certaine confiftance, ou qui peuvent être de quelque utilité.

Les variétés qui peuvent fe rencon- trer dans quelque efpece de plante que ce foit ont rapport au volume, à la conformation, au nombre, ou à l'u- nion des parties, aux couleurs, aux faveurs, aux odeurs, à la durée, aux qualités, aux poils, aux épines (1), &c.

La plûpart font l'effet d'un pur ha-

(1) Il en eft des Pruniers épineux, & fans épines, comme des Moineaux fauvages & apprivoifés.

fard, mais plufieurs auffi font dues à
l'art des Fleuriftes, aux yeux defquels
la beauté eft l'unique mérite des plantes. A force de lutter contre la Nature,
ils parviennent fouvent à dégrader les
efpeces, en ne fongeant qu'à fe procurer de ces fleurs d'apparat, où les parties
éclatantes font multipliées avec profu-
fion, tandis qu'elles manquent des parties vraiment néceffaires pour former
de leur fubftance, & modeler dans leur
fein, de nouveaux individus.

Je ne chargerai point ma mémoire de
ce qui n'eft fait que pour récréer ma
vûe; & quand un Curieux m'aura étalé
fur des gradins trente pieds d'une
même fleur plus magnifiques les uns
que les autres, mais fans caractere for-
mel ni ftabilité fuffifante, je ne me
ferai aucun fcrupule d'indiquer fur mon
Catalogue toutes ces prétendues efpeces par un feul afterifque à la fuite
d'une petite fleur champêtre, foit Œillet, Giroflée, ou Jacinte, d'où j'aurai

lieu de croire qu'elles procédent originairement.

RÉSUMONS des définitions importantes, pour éviter la confusion des
termes.

Une affinité notable dans les parties
qu'on regarde comme les principales(1),
constitue la classe.

Une affinité notable dans toutes les
parties, dans tout l'ensemble des plantes, constitue la famille.

La conformité entiere dans les parties principales, abstraction faite du
reste, constitue le genre.

La conformité entiere dans toutes les
parties, constitue l'espece.

Ainsi la classe est formée par la réunion d'un certain nombre de genres
distincts, mais avec des traits de res-
semblance assez marqués.

Et la famille comprend un nombre
d'especes qui ont des rapports si intimes

(1) Fleur & fruit.

G iv

& à tant d'égards, que tout semble inviter à les rapprocher.

Les classes sont comme nous l'avons déja dit, entierement arbitraires; mais elles supposent un choix refléchi.

Les familles sont signalées par divers traits, les uns fort évidents, les autres presque imperceptibles.

Les genres sont puisés dans la nature, mais déterminés par le goût.

Les espéces sont fixées par la seule volonté du Créateur.

Les variétés sont dûes pour la plûpart au hasard, & évaluées par la fantaisie.

Tâchons de recueillir toutes les especes vraies, d'élaguer les variétés fortuites, de déterminer des genres précis, d'établir des classes faciles, & de concourir, autant qu'il est en nous, à vérifier les signalemens des familles naturelles.

Dénomination des Plantes.

Chaque genre de plantes doit avoir

son nom approprié ; & lorsqu'un genre renferme plusieurs especes, chaque especepece doit avoir son nom spécifique, ou surnom, qui s'ajoûte au nom génerique. Tout le monde admet ce principe. Il y a cependant une exception à faire ici. Lorsque deux especes très remarquables, telles que le Cerisier & le Prunier, ont été regardées de tout tems, comme tout-à-fait disparates, le commun des hommes à qui elles sont très familieres, étant beaucoup plus affecté de leurs légeres différences, que de leur grande affinité, quoique ces especes aient tant de conformité dans leurs parties principales qu'on ne puisse s'empêcher de les rapporter au même genre, il ne paroît ni nécessaire, ni convenable de subordonner l'une à l'autre ; je croirois même embarrasser la mémoire, plutôt que de la soulager, en confondant deux noms également autorisés par un usage irréfragable.

Quand les Botanistes s'accorderoient

G v

tous avec un de leurs plus grands Maî-
tres, à répéter sans cesse le nom de *Pru-*
nus Cerasus , pour désigner l'arbre por-
teur de Cerises , le Public ne se prê-
tera jamais à dire que c'est un *Prunier-*
Cerisier.

Sinonimes.

La plûpart des plantes ont reçu chacune plusieurs noms en différens tems.
Je me contenterai pour l'ordinaire d'en
rapporter un ou deux sinonimes, en
donnant , autant qu'il sera pratiquable ,
la préférence aux noms vulgaires sur les
noms scientifiques : je ferai pis encore ;
il m'arrivera souvent d'estropier des
noms scientifiques , pour en faire des
noms vulgaires. Je n'écris pas pour les
Savans ; s'ils daignent jetter les yeux sur
mes foibles productions , pour peu
qu'elles leur paroissent pouvoir être
utiles à quelqu'un , je suis sûr de leur
indulgence.

LETTRES A M...

SUR L'APPLICATION

DE LA BOTANIQUE

A LA MÉDECINE.

G vj

LETTRES A M....

SUR L'APPLICATION

DE LA BOTANIQUE

A LA MÉDECINE.

LETTRE PREMIERE.

JE conviendrai volontiers avec vous, Monſieur, que Dieu ayant créé les Plantes pour notre utilité, autant ou plus que pour notre agrément, ſi l'on faiſoit de la Botanique une vaine & ſtérile étude, ce ſeroit très mal répondre aux bontés du Créateur ; & que pour rendre cette Science auſſi utile qu'agréable, une deſcription exacte des ſimples doit naturellement être ſuivie d'une expoſition ſuccincte de leurs vertus.

Mais ne confondons pas, je vous

prie, deux chofes, qui pour être étroitement liées, n'en font pas moins diftinctes l'une de l'autre ; la Botanique
pure, & fon application à la Médecine.
La confidération des Plantes en elles-
mêmes eft l'objet direct de la Botanique ; leur confidération relativement
au corps humain eft entierement du
reffort de la Médecine ; car il eft effentiel au Médecin de connoître les Simples qu'il doit employer au foulage-
ment des Malades, mais il n'eft pas
effentiel au Botanifte de connoître les
maladies où ces plantes peuvent être
de quelque ufage.

Les fciences phyfiques, entre lef-
qu'elles la Botanique tient un rang dif-
tingué, font comme les portiques du
Temple de la Médecine. Tel a parcouru
avec plaifir ces portiques ornés de fef-
tons & de guirlandes, qui s'arrête en
tremblant aux approches du Sanctuaire,
où tout reffent la préfence de la Di-
vinité.

Mon intention fut toujours de traiter des Plantes en Médecin, après en avoir traité en Botaniſte ; j'ai médité ſur ce ſujet, & j'oſe croire que la ſuite de cette Lettre vous en convaincra : mais quelle tâche pour qui voudroit la bien remplir ! Plus j'y réfléchis, plus j'en ſuis effrayé. Les rapports des cauſes aux effets ſont ſi difficiles à ſaiſir en cette matiere, leurs complications ſi fréquentes, leurs combinaiſons ſi nombreuſes, & les conféquences de la moindre erreur ſi terribles, qu'Hippocrate avoit grande raiſon de déplorer le peu de proportion qu'il y a entre la briéveté de la vie, & l'immenſité de l'Art.

N'allez pas conclure de-là qu'il ne faille donner aucunes notions de Médecine au vulgaire de peur qu'il n'en abuſe, comme on l'écartoit des anciens myſtères crainte de profanation ? Je penſe bien différemment.

On peut quelquefois abuſer de la

ſcience, mais jamais l'ignorance ne pourra être miſe à aucun bon uſage. Les hommes un peu plus inſtruits ſe-roient moins faciles à tromper, ou moins difficiles à détromper. Ils ont la déman-geaiſon de parler toujours médecine, parcequ'ils n'ont point appris à rougir d'en parler mal.

Qu'eſt-ce qui déterminera leur choix entre deux Médecins, ou ſoi-diſans? L'un marche preſque de niveau avec eux, l'autre plane preſqu'à perte de vûe au-deſſus de leurs têtes: ils ſe laiſ-ſent plutôt entraîner au premier, ils ne ceſſent de fronder l'autre à tort & à tra-vers, & plus d'un honnête Médecin a été découragé de ſe voir perpétuelle-ment en but aux jugemens impitoya-bles de ſi pitoyables Juges.

J'avoue qu'un Médecin bien appellé à cet art ſublime, ne doit pas perdre courage ſi aiſément; il doit conſacrer ſans reſtriction ſa vie, ſes veilles au bien de l'humanité, & tenir même à

honneur de fervir des ingrats, en prenant pour modele le Pere commun
des hommes, qui répand indiftincte-
ment fur les bons & fur les méchans
fes rofées bienfaifantes.

On a donné le nom de plantes ufuelles à toutes celles qui font ufitées dans
la pratique ordinaire de la Médecine,
& le zele éclairé des Médecins a fu
mettre à contribution pour un fi grand
bien de l'humanité tous les climats
de l'Univers. Heureux trois fois qui
pourroit nous les faire toutes connoître
à fonds; pour moi, tout ce que j'am-
bitione, c'eft de pouvoir aider à répandre quelques vérités utiles, & à prof-
crire des erreurs trop préjudiciables au
Public.

Il eft fort vraifemblable que les plantes de notre climat, croiffant au milieu
de nous, dans la même atmofphere,
& habituées à la même température
d'air, & aux mêmes viciffitudes de fai-

Tome I. *

fons, font plus analogues à notre conf-
titution, & peuvent être appliquées à
notre ufage avec plus d'avantages &
moins d'inconvéniens pour nous, que
celles qui naiffant, pour ainfi dire,
fous un autre ciel, & nous étant appor-
tées par exemple de la Zone torride, ne
refpirent point impunément le même
air que nous, & répondent mal aux
foins des Curieux opulens, qui ont
prodigué l'art & la dépenfe pour en
conferver quelques chetifs échantillons
fous les vitraux de leurs magnifiques
ferres.

En effet, quoique l'Euforbe d'Ethio-
pie & notre Efule foient regardées par
un grand Botanifte comme deux plantes
du même genre, elles fe reffemblent
beaucoup moins au premier afpect,
qu'un François & un Ethiopien ; auffi
l'Efule vous purgera-t-elle moins vio-
lement à quarante grains, que l'Euforbe
à quatre.

Ajoutons qu'à mérite à peu près égal,

es drogues plus communes & moins
cheres, devroient encore être préfe-
rées, au moins pour la multitude.

Si cette idée eſt peu ſuivie , j'oſe
me flatter qu'elle ſera encore moins re-
jettée dans un ſiecle où le patriotiſme ,
ſemé par-tout de bouche en bouche, ne
ſauroit tarder à germer dans les cœurs.
Ceux au moins qui donnent le ton ,
commenceront par prêcher d'exemple.

On tire à grands frais des Indes , ou
pour le moins de l'Arabie , de quoi
guérir la plus petite incommodité , tandis que les grands , les vrais remedes
font la nourriture de nos Payſans.

Peu de gens font attention aux plantes communes , & encore moins en étu-
dient les propriétés. Auſſi la connoiſſance de pluſieurs eſt-elle encore fort
obſcure , fort peu aſſurée , & trop ſouvent établie ſur des faits iſolés , ſur des
conjectures vagues , ſur des théories
illuſoires, ou ſur des expériences équi-
voques.

Pour étendre, éclaircir & affermir nos connoiffances en cette partie, il faut beaucoup de tems & d'occafions, de travail & de patience, de fagacité & de réflexion.

Il faut raifonner, mais toujours d'après l'expérience; rechercher les cau- fes prochaines des faits bien obfervés, & abandonner les caufes éloignées & métafifiques.

Sydenham met prefque fur la même ligne, comme *fe jouant également du cuir humain*, les Empiriques qui ont copié quelque recette, à quoi fe réduit tout leur favoir, & ces faux Savans, bouffis d'une vaine théorie, qui vou- droient affujettir la Nature à des princi- pes hypothétiques, fur lefquels on dif- putera éternellement dans les Ecoles.

En effet, le meilleur Pilote n'eft pas celui qui differte le plus fubtilement fur les caufes du flux & reflux de la mer; mais celui qui connoît le mieux les cô- tes, les écueils, les courants, les vents alifés, &c.

Le même Auteur regardoit les plus belles théories de Médecine, *non comme des flambeaux capables d'éclairer* les Praticiens, *mais comme des feux folets uniquement propres à les égarer.* Aussi voit-on ces théories briller & se dissiper tour à tour, tandis qu'une méthode fondée sur la simple & naïve observation de la Nature, durera autant que la Nature même.

Dans l'état de santé, les personnes robustes & laborieuses n'ont presqu'à consulter que leur appetit, ou leur goût, tandis que les personnes oisives, délicates, ou infirmes, ont besoin d'une attention continuelle au choix de leurs alimens. Il convient d'avoir égard à la délicatesse de ceux-ci, mais il seroit ridicule de vouloir assujettir ceux-là aux mêmes observances.

Dans l'état de maladie, ce seroit une grande erreur de croire que les Simples les plus salutaires soient essentiel-

lement bienfaisantes, & ne puissent
pas produire quelquefois de très mauvais effets. Les alimens qui sont le plus
dans l'ordre de la Nature peuvent
faire beaucoup de mal, s'ils sont pris à
contretems ; à combien plus forte raison les médicamens n'en seront - ils
pas capables ?

Je ne puis m'empêcher de regarder
comme des Charlatans, ceux qui osent
assurer que leurs remedes ne sauroient
jamais nuire, comme si la Providence,
par un décret exprès, y avoit spéciale-
ment attaché ce privilége exclusif.

Je vas plus loin : je regarde presque
comme des fléaux de l'humanité, tous
ces Auteurs, qui (soit crédulité, ou
mauvaise foi, peu importe quant aux
effets), autorisent par leur témoignage,
& répandent par leurs écrits, de prétendues vertus de plantes qu'ils n'ont ap-
prises que par des rapports suspects ou
fort incertains, & inspirent ainsi une

confiance aveugle, & qui peut être si funeste, en des remedes de nulle vertu, Wedelius dit, qu'*il en est des Remedes comme des Amis : la liste des bons n'est jamais fort grande.*

Que sert d'exagérer les vertus d'une plante, ou de dissimuler ses inconvéniens, si l'on ne peut ni ajouter aux unes, ni parer aux autres par la pompe & l'emphase du discours ? Peut-être m'attirerai-je moins de considération en spécifiant les cas où une plante peut être nuisible, qu'en indiquant seulement ceux où elle peut s'employer avec succès ; mais suis-je moins tenu par devoir à l'un qu'à l'autre ?

Quiconque étudie sans prévention, & expose sans entousiasme les vertus des simples, trouve que toutes leurs qualités ne peuvent gueres être appellées bonnes ou mauvaises que relativement, & a souvent occasion de mettre le *contre* à côté du *pour.*

Ce, dont l'usage est capable de pro-

duire dans le corps vivant un changement falutaire, eft appellé médicament.
Ce, dont l'ufage eft capable de produire
dans le corps vivant un changement
pernicieux, eft appellé venin; & s'il
eft tout-à-fait funefte, il prend le nom
de poifon. Mais comme il n'eft point
de médicament qui, donné à trop forte
dofe, ou [dans des circonftances dé-
favorables, ne puiffe faire beaucoup
de mal, parlons nettement, qui ne puiffe
en quelque façon devenir poifon; auffi
n'eft-il point de poifon qui, adminiftré
avec ménagement, ne puiffe dans quelques circonftances particulieres, produire un bon effet, & devenir un vrai remede. Si deux poifons ont des qualités
diamétralement oppofées, comme cela
eft indubitable à l'égard de plufieurs,
ils font les contrepoifons réciproques.

Suppofé donc que la matiere nutritive, la matiere médicale & la matiere
morbifique ne foient pas abfolument la
même, au moins ne different-elles pas
auffi

aussi essentiellement qu'il le semble.

Pour avancer sûrement dans la recherche des principales propriétés des plantes, il faut procéder constamment du plus au moins sensible : c'est le moyen le plus simple, le plus naturel, ou plutôt c'est le seul sur lequel on puisse parfaitement compter.

L'odorat & le goût sont les premiers instrumens de nos découvertes en ce genre. Les sels & les huiles affectent différemment l'un & l'autre organe ; s'ils sont plus fixes, ils agissent directement sur le seul organe du goût ; s'ils sont plus atténués, ils affectent même d'assez loin l'organe de l'odorat par des effluves ou emanations continuelles, quoique invisibles, de leur substance.

Quand des plantes par sécheresse, ou par vétusté, ont perdu de leur goût, on doit s'attendre qu'elles ont également perdu de leur vertu ; & on doit dire la même chose des plantes naturellement odorantes, lorsqu'elles ont

Tome I. H

perdu leur odeur, foit pour avoir été
mal confervées, ou autrement.

Les qualités des plantes dépendent
beaucoup du fol & de l'expofition où
elles fe trouvent.

Les plantes qui viennent dans un
terrein plus gras, font plus abondantes
en fucs, mais leurs fucs font moins af-
finés que ceux des plantes de la même
efpece qui viennent dans des lieux fecs
& élevés. Le Serpolet, la Primevere,
l'Origan, le Calament, la Fraife, peuvent être données pour exemples; & les
mêmes fens de l'odorat & du goût en
feront encore les Juges.

Les plantes naturellement âcres le
font d'autant plus qu'elles viennent
dans des lieux humides, aquatiques,
d'autant moins qu'elles viennent dans
un terrein plus fec & plus expofé au
foleil; telles font l'Ache, la Renoncule, la Ciguë.

Si nous faifons venir l'analyfe chi-
mique à l'appui du témoignage de nos

Tens: retirant par son moyen de chaque plante, des parties huileuses, aqueuses, salines & terreuses en différentes proportions, sentant & goûtant de nouveau tous ses produits & ses résidus, nos connoissances s'étendront, se lieront davantage les unes aux autres, & acquerront de jour en jour plus de certitude & de précision.

Ces qualités, pour ainsi dire palpables, des plantes, étant ainsi constatées par un double scrutin, nous pourrons sans témérité, tenter de nouveaux essais, pourvû que nous marchions toujours pas à pas, ne portant un pied en avant qu'autant que nous sentons l'autre bien affermi.

Ainsi éprouvant successivement des plantes douées de diverses qualités sensibles, on reconnoîtra bientôt que celles qui ont une saveur acide, ou simplement aigrelete, comme l'Oseille, le Verjus, les Groseilles, l'Epine-vinte,

rafraîchiffent & défalterent. Etendant
plus loin leur ufage, on trouvera qu'elles conviennent fpécialement dans les
fiévres ardentés & bilieufes; enfin fi on
multiplie inconfidéremment les tentatives, on reconnoîtra avec la même évi-
dence, qu'elles ne peuvent faire que
du mal à ceux qui ont des eftomacs
froids, & qui engendrent beaucoup de
vents.

Les plantes qui ont une faveur acer-
be, auftere, qui fronce la langue & le
palais, comme les Raifins verts, les
Poires fauvages, les Nêfles, la Prêle,
la Quintefeuille, l'écorce de Chêne,
méritoient bien d'être éprouvées dans
les fluxions & les évacuations immodé-
rées; & en effet on les y employe très
utilement, lorfque ces fortes de maux
proviennent du relachement des fibres.
Mais d'un autre côté, on n'a que trop
éprouvé qu'il eft très dangereux de re-
courir d'abord à ces fortes de remedes

aſtringens dans les diarrées & les diſſen-
teries, & c'eſt ce qu'on ne ſauroit jamais aſſez inculquer au Peuple.

On s'eſt aſſuré par des expériences
ſans nombre que les plantes qui ont
une ſaveur amere, comme l'Abſinte,
la Taneſie, la Fumeterre, la Centauriete, la Gentiane, la Germandrée,
l'Ivete, l'Ariſtoloche, ſont ſtomachi-
ques, vermifuges, inciſives, aperiti-
ves, mais échauffantes, & auſſi ſuſ-
pectes dans les maladies aiguës, qu'efficaces dans les maladies de langueur.

Les plantes qui ont une ſaveur âcre
& piquante, comme l'Enule-campa-
ne, le Chardon-beni, la Scabieuſe,
l'Angélique, l'Ail, agiſſant dans l'intérieur du corps comme ſur les levres,
ſtimulent les fibres, & par là accele-
rent la circulation du ſang, pouſſent
à la tranſpiration & à la ſueur ; auſſi
ſont-elles eſtimées comme cordiales,
& fort échauffantes, & partant également capables d'exciter la fievre à pro-

pos, & de la provoquer à contre-tems.

Les plantes qui ont une faveur âcre, volatile, & pour ainfi dire ammonia-cale, comme l'Alliaire, le Creffon, la Moutarde, la Capucine, le Scordiom, pénétrent plus rapidement & ftimu-lent moins fortement, elles font jufte-ment reputées anti-fcorbutiques. L'ex-preffion vulgaire c'eft qu'elles purifient le fang ; mais on auroit tort d'en con-clure qu'elles ne faffent jamais aucun mal : elles en peuvent faire beaucoup, même dans le fcorbut que l'on appelle confirmé & invétéré, au moins fi on les y donne feules, & fans quelques correctifs appropriés.

Les plantes qui ont une faveur âcre, mêlée d'une certaine vifcofité, comme le Sedon vermiculaire, les Oignons communs, & ceux de Lis, de Jacinte, & de Scille, font employées avec fuc-cès à l'extérieur pour accélérer la ma-turation des abfcès, mais prifes inté-rieurement elles font plus ou moins *nauséabondes*, le cœur semble se soulever contre elles.

Les plantes qui ont une saveur toutà-fait douce, grasse, onctueuse, ou mucilagineuse, comme la Guimauve, la Mollene, le Pasdane, les Figues, les Pruneaux, la graine de Lin, les racines de Polipode, de Consoude, sont adoucissantes, anodines, emollientes, & s'emploient très utilement dans le rhume, dans les maux de gorge, dans les ardeurs d'urine; mais leur long usage ne pourroit qu'achever de ruiner un estomach qui seroit déja foible.

Les plantes qui rendent beaucoup d'eau, comme la Laitue, le Pourpier, la Béte, ou Poirée, sont conséquemment délayantes, humectantes.

Celles qui font sentir sur la langue une sorte de fraicheur, & qui étant jettées sur des charbons ardents, y fusent à la maniere du Nitre, comme le Cerfeuil, la Parietaire, sont una-

nimement reconnues pour diurétiques
& rafraichiffantes.

Enfin les plantes tout-à-fait infipides ne donnent pas grande opinion de
leur activité, foit en bien, ou en mal.

Les plantes qui exhalent une odeur
douce & gracieufe, comme les fleurs
de Muguet, de Tilleul, de Gaillet,
de Primevere, de Meliffe, de Camomille Romaine, font nervines, anti-
fpasmodiques, cefaliques.

Les plantes qui ont une odeur vi-
reufe & défagréable, comme le Pavot,
la Morelle, la Jufquiame, font narco-
tiques, ftupéfiantes, affoupiffantes.

Les plantes qui ont une bonne odeur,
mais forte, comme la Rofe, la Jon-
quille, donnent des vapeurs aux femmes hifteriques.

Les plantes qui ont une odeur feti-
de, comme la Patedoue vulvaire, la
Maroute, appaifent les mouvements
vaporeux.

Les plantes qui ont une odeur âcre,

balfamique, comme le Genievre, le Milpertuis, font vulneraires, diuréti- ques.

Ces détails feront pouffés plus loin dans la fuite de cet ouvrage.

Tandis que les Médecins avancent ainfi de proche en proche, & toujours la fonde à la main, il furvient de tems en tems quelques heureux hazards, qui enrichiffent tout-à-coup leur Arcenal de nouvelles armes contre diverfes maladies.

Ces rencontres fortuites s'offrent le plus fouvent aux pauvres & aux igno- rans, tant parcequ'ils font répandus par tout en plus grand nombre, que parceque la néceffité les pouffe fouvent à effayer différentes chofes & à tenter les aventures. Ceux à qui ces tentatives réuffiffent mal, en portent feuls la fau- te, & la terre couvre leur imprudence. Ceux que le hazard fert mieux en ren- dent compte à qui veut les entendre ; leurs Hiftoires font recueillies tôt ou tard par les Savans, & confacrées enfin par leurs fuffrages unanimes à l'utilité publique.

Un Médecin donne moins au hazard ; mais s'il fe trouve en campagne, denué de fes reffources ordinaires, il fe livre plus hardiment à de nouvelles épreuves, quoique toujours guidé par l'analogie. Ainfi Galien dans fon voyage d'Alexandrie à Pergame, ayant eu occafion de voir un Villageois attaqué d'une violente efquinancie & en grand danger de fuffocation, regarde tout au tour de lui, aperçoit des écales de noix vertes, en fait exprimer le fuc, le fait mêler avec du miel, & paffer au travers d'un drap groffier, pour faire un gargarifme, dont le fuccès fut fi heureux & fi prompt, que ce grand Médecin y a fouvent eu recours par la fuite dans des cas femblables.

Pour bien connoître les qualités d'une drogue quelconque, il faut l'employer feule autant qu'il eft poffible ;

car dans les grandes compofitions ; on ne peut jamais favoir au jufte lequel de leurs ingrédiens contribue le plus à l'effet total. Il faut être bien attentif à tous les changemens qui peuvent arriver en conféquence, foit aux fonctions des organes, aux excrétions des humeurs, ou aux qualités des parties ; compter, comparer les expériences particulieres, afin de modifier l'une par l'autre, & d'en pouvoir deduire enfin des aphorifmes de pratique.

Cette fimplicité eft fondée en nature ; le mélange d'une multitude de drogues eft ridicule, à moins qu'on n'y foit obligé pour quelque raifon particuliere. Si deux drogues poffedent les mêmes vertus & au même degré, deux onces de l'une ou de l'autre équivalent à une once de chacune des deux. Si elles ne poffedent pas ces vertus au même degré, on doit fe contenter de celle qui eft ou la plus efficace, ou la plus appropriée au degré de la mala-

die que l'on a à combattre. Si elles ont
des vertus différentes, ou l'une détruira
l'effet de l'autre, ou enfin il doit ré-
fulter de leur combinaifon de nouvelles
proprietés ; or il eft prefqu'impoffible
de repondre d'avance quelles feront ces
proprietés, & à quel degré ; ainfi le remede compofé deviendra inutile, ou
dangereux.

Plus on éprouve enfemble, ou fucceffivement de différents remedes, plus
on trouble la marche d'une maladie,
& moins on fait définitivement quelle
part les uns ou les autres ont pu avoir
à la guérifon, & quelle part y a eu
la Nature.

Hippocrate & les anciens Médecins,
employoient très peu de remedes, &
les employoient très fimplement.

Sydenham reprenant leurs traces dans
le fiecle dernier, en a propofé plufieurs
de fi fimples, & où il y avoit fi peu
d'art, qu'on pouvoit à peine les rapporter à la matiere médicale.

Galien, & ſes Sectateurs, Paracelſe
& les Chymiſtes, ont introduit une
multitude prodigieuſe de compoſitions
nouvelles, plus faſtueuſes qu'utiles.
Hofman oſe aſſurer qu'elles ont beaucoup nui aux progrès de l'art, & ſon
temoignage n'eſt pas ſuſpect. Il avoit
cultivé longtems la Chimie, non-ſeulement avec ardeur, mais encore avec
un ſuccès éclatant, & perſonne n'étoit
plus prévenu pour les remedes chymi-
ques; cependant la pratique de la medecine le déſabuſa enfin, & il ne craint
point d'affirmer ſur ce qu'il y a de plus
ſacré, qu'il avoit trouvé des reſſources
plus promptes & plus efficaces dans
quelques petits remedes vulgaires &
de nul prix, que dans les arcanes les
plus chers & les plus vantés. Il met
ſpécialement l'eau, le vin, & le pain,
ſur tout le pain groſſier de Segle, tel
que le mangent les Payſans de Weſ-
tphalie, au rang & preſqu'à la tête des
plus grands remedes qui ſoient connus
en Médecine.

M. Lieutaud, après avoir établi que
le Kinkina est *pour les fievres tierce
& double tierce ce qu'on peut employer
de mieux*, ajoute, *je n'ai pas laiffé
de donner très fouvent la préférence à
l'eau pure, prife pendant trois ou quatre jours pour toute nourriture. Le
Quinquina, comme on ne l'ignore point,
produit fouvent de mauvais effets, l'eau
n'eft jamais malfaifante; le Quinquina
ne fait fouvent que fufpendre la fievre,
l'eau la guérit fans retour; mais ce
remede eft trop fimple & trop commun
pour être adopté, & le public ne fera
jamais porté à eftimer ce qu'il connoit.*
Vult decipi, dit Pline, *decipiatur*. J'a-
dopte volontiers tout ce que dit ici M.
Lieutaud, à la referve de fa citation de
Pline. Il femble que le Peuple aime à
être dupé; il paie mieux ceux qui le
trompent que ceux qui veulent l'éclairer. Mais ne nous rebutons pas pour
cela, fervons le comme il convient de
le fervir: fes yeux pourront fe déciller

peu à peu, auquel cas il faura faire tôt ou tard la différence de fes vrais amis d'avec fes adulateurs; enfin quand cela n'arriveroit pas, nous aurons toujours fait notre devoir. Au refte ce que je dis ici eft moins pour critiquer M. Lieutaud, que pour déveloper davantage fa façon de penfer, car elle ne fauroit être douteufe; tous fes ouvrages annoncent non - feulement un favant Médecin, mais encore un Médecin Philofophe.

Dans le courant d'une maladie aiguë, l'honneur ou le deshonneur d'un remede dépend pour l'ordinaire d'avoir été placé dans l'augment, ou à la veille de la crife.

Ce n'eft que par le grand ufage & la pratique affidue de la Médecine que l'on peut parvenir à conftater fûrement les vertus des fimples, à reconnoître la maniere, la force, la promtitude de leur action, à diftinguer des médicamens foibles, mediocres, & vigoureux,

ou energiques ; des medicamens lents
& promts, ou pénétrans, des medicamens innocens, de fufpects, d'infi-
deles, & de dangereux, des medicamens analogues, équivalens, ou auxi-
liaires les uns des autres, & des medicamens oppofés, capables de fe cor-
riger reciproquement, ou de fe détruire
l'un par l'autre.

D'ailleurs ce n'eft pas bien connoître un remede que d'ignorer la dofe à
laquelle il doit être pris, & la façon
de l'adminiftrer, foit intérieurement ou
extérieurement ; or il n'y a que les ob-
fervations *cliniques*, que des effais multipliés & de mûres reflexions fur leurs
réfultats qui puiffent donner une telle
affurance.

Encore cette obfervation feroit-elle
néceffairement très bornée, & très
équivoque, fi elle n'étoit dirigée &
fortifiée par la tradition des Médecins, qui forme une chaine fans interruption depuis plus de vingt fiecles.

Il y a des medicamens dont l'effet est si promt & si marqué, que tout le monde peut aisément s'en assurer par soi-même. Mais il y en a dont les effets plus lents, & moins sensibles, quoique très grands & très réels, ouvrent une ample carriere aux doutes & à la controverse, & quiconque prétendroit ne s'en rapporter qu'à sa propre expérience, sans se soucier de ce qu'en ont dit ses Devanciers, n'aquerroit jamais le droit de les employer. Il faut lire, écouter, peser les témoignages, balancer les autorités, réfléchir mûrement & longtems avant que de mettre soi-même la main à l'œuvre.

La tradition fondée sur des expériences réitérées est la voie la plus sûre pour prendre les premieres notions des proprietés des simples ; & pour mettre le dernier sceau à leur efficacité.

Songe-t-on à ce que l'on fait lorsqu'on propose à un Médecin de préférer aux remedes que sa science & son

expérience lui fuggerent, celui que
l'on a ouï dire qui avoit réuſſi chez un
autre malade dans un cas qui, à vue de
pays, paroiſſoit aſſez reſſemblant? Cela
eſt beaucoup plus ridicule, comme le
remarque fort bien M. Tiſſot, que *ſi
on propoſoit à un Cordonnier de faire un
ſoulier pour un pied ſur le modele d'un
autre, plutôt que ſur la meſure qu'il au-
ʒoit priſe lui même.*

Défions nous des éloges outrés, des
epithetes au ſuperlatif ; pour peu qu'on
ait pratiqué la Medecine, on convien-
dra qu'il y a beaucoup à en rabattre.
Le moindre mal qui puiſſe reſulter de
toutes ces exagerations, c'eſt de faire
ſouvent prendre pour cauſe ce qui ne
l'eſt pas, c'eſt-à-dire, de faire attribuer l'opération triomfante de la nature à l'action d'un remede preſqu'indifférent.

L'action des remedes eſt toujours dé-
pendante de l'application que la nature s'en fait, & il eſt ſouvent très

difficile de juger si tel qui releve d'une maladie où il a pris tels & tels remedes auroit guéri plus tôt ou plus tard sans leur secours.

Plusieurs prendront ceci pour un paradoxe; c'est cependant un principe aussi vrai qu'important, & qui mérite d'être dévelopé davantage; mais il faut reprendre haleine, & cette lettre est peut-être déja beaucoup trop longue.

LETTRE II.

JE vous avois promis une deuxieme Lettre, Monſieur; je ne vous l'ai pas trop fait attendre. Puiſſiez-vous être auſſi content de mes principes que de mon exactitude!

Le Corps humain, cette machine incomparable, qu'on admirera d'autant plus qu'on l'aura plus étudiée, eſt com-poſé de diverſes parties, tant ſolides que fluides.

Entre les parties ſolides, il y en a de plus & de moins fermes; de plus & de moins ſouples, de plus & de moins elaſtiques, dont le tiſſu, & les combinaiſons différentes forment des fibres, des membranes, des vaiſſeaux, des viſceres, où ſont contenues, où ſe meuvent, tantôt mêlées, tantôt ſépa-rées, diverſes liqueurs, les unes plus, les autres moins épaiſſes.

Ainfi le corps vivant eft fans ceffe
en action, les folides & les fluides
cedent & réagiffent tour à tour, chaque organe, chaque vifcere a fa fonction propre, qui toutes confpirent à
l'harmonie générale.

Mais l'exercice même de la vie con-
fume, ou corrompt peu à peu toutes
ces parties; les folides s'ufent, s'éli-
ment, les fluides s'alterent, fe diffi-
pent, & nos corps fans ceffe expofés à
mille & mille frottemens tant inté-
rieurs qu'exterieurs, dureroient beaucoup moins que nos vêtemens, fi leur
mecanifme merveilleux ne renfermoit
la faculté de réparer eux-mêmes leurs
pertes par l'application de nouvelles
matieres qu'ils affimilent à leur propre fubftance: c'eft ce qu'on appelle
des *alimens*.

La matiere alimenteufe paffe d'a-
bord de la bouche par l'œfofage, dans
l'eftomach, d'où elle enfile le canal

inteſtinal , mais non ſans ſubir des
changemens conſidérables ; convertie
enfin en forme laiteuſe , elle prend le
nom de chyle , & pénétre par des rou-
tes qui lui ſont propres juſques dans
les vaiſſeaux ſanguins , roule avec le
ſang , s'y confond , & le met en état
de fournir ſans ceſſe de nouveaux ſucs
pour l'accroiſſement , l'entretien , ou la
réparation de toutes les parties orga-
niques du corps humain.

De quelques aliments que nous faſ-
ſions uſage , la matiere vraiment nutritive ne s'y trouve jamais parfaitement pure , mais toujours mêlée en différentes proportions avec quelques parties héterogenes , & non nutritives.

Suppoſons que ces parties héterogenes mêlées à la matiere alimenteuſe ,
n'aient aucune qualité propre , ou ce
qui revient au même , faiſons pour un
moment abſtraction de leurs diverſes
qualités , toujours en reſulte-t-il 1°, la

nécessité d'en faire la séparation, 2°. la
nécessité de les rejetter comme excre-
mens inutiles, & devenus même onéreux. La faculté de se décharger de ces
parties qui ne peuvent être assimilées,
n'est pas un attribut moins précieux des
corps vivans que la faculté même d'as-
similation.

Mais si les parties héterogenes mêlées
aux parties vraiment nutritives des alimens, ont, comme on n'en sauroit douter, des qualités propres & particulieres, elles peuvent affecter plus ou
moins l'œconomie animale, altérer les
qualités naturelles du corps vivant,
nuire à ses fonctions, causer enfin différentes maladies; d'où s'ensuit que
la même matiere peut-être appellée
nutritive & morbifique à différens
égards, & que les causes de maladies
& de mort sont souvent confondues
avec les causes de vie & de santé.

Dans certains alimens, ces parties
héterogènes sont en petite quantité,

dans d'autres elles font plus abondantes, & ceux-ci font conféquemment
d'autant moins nourriffans.

Dans certains alimens, les parties
héterogenes font foiblement unies aux
parties nutritives, dans d'autres elles
y font tellement liées que l'extraction
ne s'en peut faire qu'avec beaucoup
de peine, c'eft ce qu'on appelle dès
alimens de difficile digeftion.

Dans certains alimens, les parties
héterogenes ne contiennent pas de principes fort actifs, ou leurs diverfes qualités font tellement tempérées l'une
par l'autre que le corps n'en peut pas
être notablement affecté; dans d'autres ces parties héterogenes font douées
de qualités fi actives qu'elles affectent
puiffamment le corps où elles font tranf-
mifes, modifient différemment fa fubftance, excitent ou repriment fes fonctions d'une maniere très fenfible, c'eft
ce qu'on appelle des alimens malfains.

Mais cette diftinction d'alimens peu
nourriffans,

nourriſſans, indigeſtes, malſains, eſt
ſujete à beaucoup d'exceptions & de
modifications, relativement aux cir-
conſtances. Tel ſujet a beſoin de plus
d'alimens, tel digere plus prompte-
ment & plus facilement, tel enfin ne
ſe trouve que bien, de choſes qui in-
commoderoient beaucoup un autre.

D'ailleurs, ces parties hétérogenes,
non-ſeulement très différentes, mais
ſouvent tout à-fait oppoſées entr'elles,
ſont quelquefois balancées l'une par
l'autre, & leurs qualités nuiſibles tellement émouſſées, qu'elles ſe ſervent
reſpectivement d'antidote, & ſont tour
à tour cauſes & préſervatifs de maladies, ou, ſi l'on veut, matiere morbifique & matiere médicale, principes de
déſordre, & moyens de guériſon.

Enfin le Créateur a ſu dans la ſtruc-
ture du corps vivant, lui ménager encore une autre reſſource contre ces matieres hétérogenes deſtructives ; c'eſt
l'augmentation du mouvement vital.

Tome I. I

Lorfqu'une matiere hétérogene, in-
domptable aux forces ordinaires de la
nature, endommageant les parties,
ou troublant les fonctions, menace de
couper la trame de la vie; fon irrita-
tion même provoque des ofcillations
vives, les liqueurs circulent plus rapidement, les fibres fe contractent plus
fortement, les parties hétérogenes font
attaquées avec une force fupérieure,
battues, brifées, atténuées ou expul-
fées; ainfi avec l'aide de la fievre, la
nature triomphe enfin d'un ennemi fous
lequel elle fembloit prête à fuccomber.

De-là vient que les plus fages & les
plus grands Médecins, les Hippocrate,
les Baillou, les Sydenham, ont défini
la fievre, *un effort de la nature, qui tend
à repouffer la maladie.*

La Nature eft le premier & le plus
grand des Médecins, le Maître & le
modele de tous les autres; mais outre
que fes facultés font bornées, fes propres armes fe tournent quelquefois
contr'elle-même.

Il est des circonstances où ses moyens trop foibles ne peuvent détruire que la moindre partie du mal (1) ; il en est, où luttant envain contre la matiere morbifique, sans pouvoir l'entamer, elle ne fait qu'ajouter mal sur mal (2) ; il en est enfin où elle se consume en efforts impuissans contre un mal insurmontable, mais presque sans conséquence, & lui oppose un remede plus pernicieux que le mal même (3).

Il est donc souvent utile, souvent même nécessaire que l'art vienne au

(1) Dans l'apoplexie, la fievre que la Nature peut exciter, est rarement proportionnée à la violence du mal.

(2) Dans une phtisie confirmée, la fievre hectique dont la Nature ne manque point de tenter le secours, est constamment un remede en pure perte.

(3) Pour une épine enfoncée dans le doigt, la Nature peut dans un tempéramment sanguin exciter une fievre violente, & quelquefois mortelle.

I ij

secours de la Nature, mais en Minis-
tre soumis aux loix de sa Reine, ho-
noré de la servir, & ne pouvant rien
que par elle.

C'est à l'art de pourvoir au régime ;
mais il auroit beau fournir des alimens
choisis, ils seroient plutôt à charge au
corps, qu'ils ne le nourriroient véritablement, si la Nature ne prend sur elle
d'en extraire les parties vraiment nutritives, de les digérer, les distribuer
& les appliquer par-tout où il en est
besoin.

Il auroit beau rechercher & combiner
les médicamens les plus précieux, ils
tourneront plutôt à la perte qu'au salut
du Malade, si la Nature n'en opere elle-
même la coction, la répartition & l'application convenables.

Avoir une attention continuelle à
suivre la marche de la Nature, à obser-
ver ses besoins, ses efforts, pour subve-
nir aux uns, pour seconder les autres ;
se conformer, autant qu'il est possible, à

tous ses mouvemens, les diriger, les modérer avec prudence, quelquefois leur résister avec force, mais toujours avec respect, & ne craindre rien tant que de les troubler mal-à-propos; tel est le devoir des Médecins, tel est aussi le plan que nos plus grandsMaîtres nous ont tracé, & dont il seroit à souhaiter qu'on ne s'écartât jamais.

La Nature peut en diverses occasions opérer avec le secours de l'art, ce qu'elle seroit absolument incapable d'opérer par elle-même. Par exemple, dans presque dans tous les cas chirurgicaux, c'est la Nature qui mûrit, qui incarne, qui cicatrise; mais elle ne peut se passer du secours de l'art pour réunir, pour diviser, pour ajouter, pour retrancher, ou pour redresser. Les maladies internes offrent également des cas où le concert de la Nature & de l'art, est indispensablement nécessaire: ces cas ne sont pas même bien rares; mais comme ils sont souvent très

I iij

difficiles à diftinguer, les plus grands
Médecins peuvent s'y tromper quelquefois, & le vulgaire ne peut prefque jamais fe défendre de l'erreur, foit qu'un
habile mais malhonnête homme veuille
le duper, foit même qu'un franc igno-
rant ait l'affurance de lui parler fur un
certain ton.

L'art fait le principale rôle dans la
plûpart des maladies chroniques, comme épilepfie, folie, rage, afthme, fcorbut, obftructions, hydropifie, fup-
preffion de regles, fleurs blanches, vérole, rhumatifme, paralyfie, galle,
dartres, vers, gravelle, &c. prefque
toutes ces maladies chroniques ne peuvent guérir que par quelques maladies
aiguës. Ce remede eft fâcheux; mais
quoi? on peut regarder comme défef-
perés ceux qui ne peuvent pas le fup-
orter. La Nature en tente fouvent le fe-
cours, & c'eft à fon imitation que l'art
a ofé l'employer. La fcience de procurer

à propos des maladies factices, eſt peut-
être le plus précieux ſecret des grands
Médecins, mais le plus incommunicable.

Il n'eſt pas rare de voir des fievres
que le mauvais régime, ou le traitement mal entendu, fait dégénerer de
leur caractere primitif : la multiplicité
des remedes, dont les effets ſe com-
pliquent avec les ſymptomes du mal,
offuſque le caractère de ces fievres,
trouble l'ordre de leur marche, & en
les rendant plus obſcures, les rend auſſi
plus dangereuſes ; on peut les appeller
des fievres *perverties*.

L'invention de la poudre à canon a
été moins fatale aux hommes, que
celle du nom de fievre *maligne*, dit
Sydenham.

Sanctorius prétend que les Grands at-
taqués de la peſte, en meurent preſque
tous avec leurs remedes, tandis que
beaucoup de gens du peuple en gué-
riſſent ſans remede ; & Hofman en
le citant, ajoute que la même choſe

I iv

a lieu très certainement par rapport à
diverses autres maladies, dont on guérit
plus aisément sans Médecins, qu'avec
l'aide des Médecins.

Les enfants des Grands qu'on veut
traiter avec plus d'appareil que d'autres,
ont plus de peine à parvenir à l'adolef-
cence, & périffent plutôt par l'abus des
remedes que par les maladies, fuivant
la remarque de Baglivi.

Un honnête Médecin doit fouvent
fe réduire au fimple rôle de fpectateur,
en attendant l'occafion d'agir utilement ; & s'il ne s'en préfente point,
& que la Nature puiffe fe fuffire à elle-
même, il eft de fon devoir de refter
dans l'inaction jufqu'au bout, quand
même fa conduite paroîtroit fcandalifer
les affiftans.

Dans les maladies même les plus aiguës, il doit étudier le tems de la coction & de l'excrétion ; d'où en eft la
matiere, & quel émonctoire pourra lui
convenir ; en un mot attendre pour en-

trer en action, que la Nature lui en
donne le signal.

Le sage Sydenham ne rougit point
d'avouer que dans le traitement des
fievres aiguës d'une épidemie commen-
çante , où il ne voyoit pas encore
assez clairement ce qu'il convenoit de
faire , il lui étoit souvent arrivé de ne
rien faire du tout, & qu'il s'en étoit très
bien trouvé, & ses malades encore
mieux; parceque tandis qu'il observoit
la marche de la maladie, pour étudier
l'occasion de l'attaquer avec avantage ,
ou la fievre s'étoit peu à peu évanouie
d'elle-même , ou elle avoit enfin pris un
caractere qui ne lui laissoit plus aucun
doute sur le choix des armes avec les-
quelles il en pourroit triompher. Mais
ce qu'il déploroit le plus, c'est qu'une
infinité de Malades, ne comprenant
pas qu'il est autant d'un habile Médecin de ne faire quelquefois rien du tout
que d'employer dans d'autres momens
les remedes les plus efficaces, ne veu-

I v

lent pas recueillir les fruits d'une probité éclairée , qu'ils imputent à négligence ou à ignorance , quoique le plus inepte des Charlatans foit tout auffi propre & beaucoup plus habitué à entaffer remedes fur remedes , que le plus favant des Médecins.

En effet la Médecine , celui de tous les arts qui exige le plus de favoir & de réflexion , feroit au contraire celui de tous qui en requerroit le moins s'il fuffifoit de donner un nom à une maladie , puis de rechercher le remede approprié à ce mal, dans la table alphabétique d'une pharmacopée.

Le dernier Garçon d'un Apotiquaire vous dira fans héfiter , avec quoi vous pouvez échauffer , ou rafraichir , procurer le vomiffement , la purgation , ou la fueur ; mais , dit Sydenham , il n'y a qu'un Médecin confommé qui foit en état après un mûr examen , de vous dire avec certitude , dans tout état de maladie , quand il convient de faire ufage de tel, ou de tel de ces remedes.

Celui qui eſt capable de connoître &
de peſer mûrement la conſtitution du
ſujet, la nature du mal, & la qualité
du remede, pour s'aſſurer du rapport
de l'un à l'autre, celui-là ſeul mérite le
nom de Médecin.

Pour cela il faut qu'il ait beaucoup
vû, & comparé avec réflexion les effers
des mêmes remedes ſur différens ſujets,
& l'effet de différens remedes dans les
mêmes maladies, & l'iſſue des mêmes
maladies abandonnées à la nature, ou
traitées par tels & tels remedes.

En un mot un préliminaire indiſpenſable à l'adminiſtration des remedes,
c'eſt la connoiſſance des maladies. Il eſt
abſurde de dire qu'on ſait la route, &
qu'on ignore le but où elle tend, qu'on
ſait les moyens de guériſon, & qu'on
ignore ce qui eſt à guérir, ſi même il eſt
poſſible de guérir, ou s'il n'eſt pas dangereux de l'entreprendre ; car il y a des
maladies ſans conſéquence, des maladies dangereuſes, & des maladies né-

cessaires, ou même salutaires ; & telle
maladie salutaire en elle-même peut
être portée à un degré excessif, & devenir par-là redoutable, auquel cas le
Médecin doit suspendre le traitement
du venin primitif pour rabattre la violence du remede naturel ; enfin il y a
souvent des complications de maux
qui conspirent à la destruction du sujet,
& quelquefois des complications de
maux qui se combattent, & sont tem-
pérés l'un par l'autre.

Combien de fois n'ai-je pas vu, non
seulement des empiriques, ou des fem-
meletes, croiser les efforts de la nature
par tous les efforts de l'art, mais des
Médecins même, je le dis avec dou-
leur, s'opposant tantôt à une érup-
tion nécessaire, tantôt à une fievre
triomphante, & reduits enfin à souhaiter, lorsqu'il n'en étoit plus tems,
le retour du mal qu'ils avoient impru-
demment arrêté.

La Médecine n'est point une chimere, c'est le plus noble, le plus précieux des Arts, un Art presque divin. Mais celui-là n'est pas Medecin qui se croit nécessaire en toute maladie, ou qui s'attribue les honneurs de la guérison toutes les fois qu'une maladie où il a ordonné quelques remedes se termine heureusement, sans considérer si la nature l'auroit pu guérir seule, ou aidée du regime le plus simple.

Combien de maladies, où l'art de la Medecine n'est point du tout nécessaire (1). Combien même où il ne pourroit être que nuisible (2), & où des Médecins ignorans qui s'ingerent de les traiter meritent d'être appellés

---

(1) La suggillation, la petite vérole discrete, volante.....

(2) Les hémorroïdes périodiques, & toutes autres hémorragies critiques, les vieux ulcerés habituels, la plûpart des cancers, la sueur des pieds, plusieurs sortes de dartres & de gales, la croûte de lait....

non pas guériffeurs , mais plutôt fabri-
cateurs de maladies , *morborum fabri* ,
fuivant l'expreffion de Hofman. Les
anciens , ajoute le même Auteur , ont
appellé les remedes , *mains de Dieu* ,
mais on en fait fouvent des *mains du
Diable*.

Afin d'éclaircir tout ceci encore davantage , prenons pour exemple la petite verole en général , abftraction faite
de confluente & de difcrete. Dans tous
les cas , la fievre eft un mal précieux
& très effentiel pour repouffer dabord
le venin du centre à la circonférence ,
l'y retenir un tems fuffifant pour le laiffer mûrir , l'attaquer de nouveau &
l'extirper entierement. Quelque chofe
que l'on faffe , le tems où la fievre eft
la plus vive c'eft vers le troifieme jour ,
& le tems où il y en a le moins , c'eft
vers la fin du quatrieme. Ne feroit-il
pas ridicule d'attribuer ce relâche qui
furvient au quatrieme jour à l'effet des
médicamens précédens ? Mais il y a

bien plus que du ridicule en ceci.

La moitié de ceux qui meurent de la petite verole fuccombe faute de fievre, & l'autre moitié périt par trop de fievre. La medecine fyftematique, n'a d'autre objet que de reprimer fans ceffe la fievre par des rafraichiffans ; la medecine empirique ne s'occupe que de l'exciter par des échauffans & des ftimulans, tandis que la medecine méthodique diftingue & étudie les occafions d'animer ou de modérer à propos ce puiffant & redoutable remede.

Ainfi la nature guériroit feule la plus grande partie des malades atteints de la petite verole; j'eftime qu'elle en peut guérir neuf de dix, ou quatre-vingt-dix de cent ; la medecine fyftematique en guérit à peine foixante, ou foixante-dix, & la medecine empirique tout au plus quatre-vingt; tandis que la medecine méthodique peut en guérir quatre-vingt quinze à quatre-vingt feize, &

à la faveur de l'inoculation, quatre-
vingt-dix-huit à quatre-vingt-dix-neuf
de cent.

Celui qui se vante tête levée d'avoir
guéri une petite verole discrete est un
misérable fanfaron, puisqu'un Médecin
n'a rien à faire dans une maladie que
la Nature seule ne manque point de
guérir, & où il ne périt personne que
par mauvais traitement.

Dans les petites veroles même con-
fluentes, où la présence du Médecin
est si nécessaire, il fera souvent plusieurs
jours de suite sans rien ordonner, à
moins qu'il ne veuille changer son rôle
de Médecin, en celui d'Ordonnateur
de drogues, qui sont deux rôles tota-
lement différens. Il est vrai que pour
s'en tenir au premier il faut quelquefois compromettre un peu sa réputa-
tion, mais ce n'est que la conscience
que l'on doit écouter en pareil cas.

La fievre quarte abandonnée à elle

même se diffipe fans remedes quelquefois plutôt & quelquefois plus tard.
On ne doit pas être furpris , dit M.
Lieutaud , que le vulgaire en attribue
la guérifon au dernier remede qui y a
été employé ; mais un vrai Médecin
ne prendra ni ne donnera le change
fur cela.

Tous les Médecins conviennent
donc qu'il y a des maladies qui font
du reffort de l'Art , & d'autres uniquement du reffort de la Nature , en tant
que la Nature a un befoin abfolu de
l'affiftance de l'Art , dans les unes , &
qu'elle peut très bien s'en paffer , &
en feroit même incommodée dans les
autres.

Dans les maladies compliquées , il
arrive très fouvent que l'une des maladies qui forment la complication eft
du premier genre , & l'autre du deuxieme. Par exemple une fievre méfen-
terique peut fe trouver compliquée
avec une fievre nerveufe maligne: dans

un tel cas un Médecin fage & habile,
combat avec fuccès la premiere, puis
fe borne à contempler la marche de la
deuxieme, pour épier l'occafion d'aider
un peu la Nature, & veiller au bon
regime; tandis qu'un empirique témé-
raire ne cefferoit d'entaffer remedes
fur remedes, ce qui pourroit être affez
indifférent fi c'étoient de petits remedes; mais fi c'étoient des medicamens
energiques, il n'en pourroit refulter
que beaucoup de mal.

En un mot (car je n'ai pas prétendu
épuifer mon fujet & je crains de vous
ennuyer) voici ma conclufion :

La Médecine me femble comme un
glaive à deux tranchans bien acérés,
confacré par un bon Pere de famille à
la fureté de fa maifon, & dont il ne
permet l'ufage qu'à ceux qui en con-
noiffent le danger: il défire qu'on puiffe
le laiffer repofer longtems appendu à un
lambri antique, enjoignant fur-tout aux
mains foibles & peu exercées de n'y

toucher que dans le cas d'une néceffité très évidente & au défaut de meilleurs deffenfeurs, & recommandant
avec inftance à ceux même qui font
juftement reputés les plus forts & les
plus experts d'en ufer avec autant de
difcrétion que de dextérité, non pour
s'efcrimer freres contre freres, mais
uniquement pour protéger leurs femmes & leurs enfans.

C'eft ainfi que j'aime à me figurer
la Médecine. Confidérant d'une part
qu'elle peut être néceffaire à toutes
perfonnes & à tous momens, & d'autre part combien l'ufage en eft difficile & l'abus dangereux, je voudrois
pouvoir initier tous les hommes à ces
myfteres, mais leur en infpirer une
crainte refpectueufe, en plaçant chacun à une jufte diftance pour en contempler la majefté, afin que les derniers ofaffent s'en approcher quelquefois, & que très fouvent les Miniftres
même craigniffent de trop s'ingérer

ou pour reduire enfin la même idée
à son expreſſion la plus ſimple, je voudrois que tous puſſent bien ſe perſua-
der qu'il eſt des cas où il leur appartient de faire la Médecine, qu'il en
eſt où il leur convient de s'en abſte-
nir, & que ces cas divers ſont plus
communs ou plus rares pour les uns
que pour les autres, en raiſon de leurs
talens reſpectifs.

LETTRE III.

Vous avez trouvé, Monsieur, que j'étois assez bien entré dans vos vues. J'en suis très flatté ; mais cela ne me suffit pas, si je n'obtiens également votre suffrage sur tous les moyens de détail par lesquels je me propose de les remplir. Voici un objet qu'on a peut-être un peu trop dédaigné jusqu'ici, & que je n'ai pas cru devoir négliger.

La recherche des plantes usuelles ; branche la moins lucrative, mais non la moins essentielle de la pharmacie, a été de tems immémorial abandonnée par les Apotiquaires de Paris, à des gens sans titre & sans aveu. Se dit, se fait Herboriste qui veut. On ne permettroit pas au premier venu de lever boutique de clouterie, de sabots, d'allumetes, ou de telles autres marchandises, sur quoi il seroit presqu'impos-

fible de frauder , & où la tromperie ne
tireroit pas à conféquence ; mais des
herbes médicinales , où il eft très aifé
de fe méprendre , & d'où dépend néanmoins la mort ou la vie de mille & mille
Citoyens , le commerce en eft libre à
tout le monde , c'eft la derniere ref-
fource de ceux qui ne favent quoi devenir. Il n'y a ni maîtrife , ni réception,
ni apprentiffage à faire , ni épreuve à
fubir ; quelques paquets d'herbes fouvent pris à l'aventure , & attachés au
coin d'une porte , ou à l'entrée d'une
allée, font fouvent tous les titres conf-
titutifs des Herboriftes , toutes fes lettres de recommandation , tous les ga-
rans de fa capacité , en un mot tous fes
droits à la confiance publique.

Perfonne ne doit donc être étonné
que le Public foit mal fervi en cette
partie, & qu'on ait eû fouvent à repro-
cher des impéritïes groffieres , & quelquefois pis encore que de l'impéritie,
à des Herboriftes ainfi formés.

Mais au milieu de tant de gens
ineptes & imprudens, il s'en trouve
toujours quelques uns de moins igna-
res, quelques uns mêmes d'assez ins-
truits & assez fideles pour mériter spé-
cialement la bienveillance & la protec-
tion de la Faculté.

Vital, que nous venons de perdre,
fut particulierement distingué dans ce
petit nombre, & le danger que son
zele pour la Botanique lui fit courir (1)

---

(1) Au mois de Juillet 1748, Vital ayant
suivi M. de Jussieu dans une herborisation
aux environs de Montmorency, fut mordu
d'une vipere, avec tant de violence, que le venin produisit bientôt les effets les plus effrayans;
mais la guérison ne fut gueres moins prompte
au moyen des alkali volatils (esprit volatil de
sel ammoniac, eau de Luce, & sel d'Angleterre)
trois personnes de la compagnie s'étant trouvées pourvues chacune d'un flacon différent, &
M de Jussieu à portée d'en diriger l'usage. Cette
cure, dont je suis encore au moins le cinquan-
tieme témoin oculaire existant, a mis tout d'un

a fait époque en Médecine. Louis n'eſt
pas moins zélé pour ſa profeſſion , ni
moins au fait de ce qui la concerne.
Il a toujours aimé , toujours cultivé
les plantes , & s'y eſt aſſez familiariſé
pour pouvoir indiquer à cinq ou ſix
lieues à la ronde tous les endroits
où chaque eſpece ſe trouve en grande
ou petite quantité.

Trente à quarante autres Herboriſ-
tes , plus ou moins animés du même
eſprit , ſe ſont préſentés pluſieurs fois
aux Magiſtrats , aux Médecins , & notamment en 1750 & 1762 , deman-
dant à être examinés par la Faculté ,
& conſéquemment approuvés ou ré-
prouvés , ſuivant qu'ils en ſeroient ju-
gés dignes.

La Faculté a paru aſſez diſpoſée à
s'y prêter , la ſageſſe du Gouvernement

---

coup le ſceau de la plus parfaite authenticité au
remede vraiment ſpécifique du plus terrible des
venins.

n'a

n'a pas non plus dédaigné de prendre
la chofe en confidération , & on commence à croire que les vrais Herboriftes
obtiendront enfin de former une communauté reglée.

Quoi qu'il en foit , tolérés ou auto-
rifés, épars ou raffemblés, il eft toujours
important pour eux , important pour le
public, de leur faciliter les moyens de
s'inftruire folidement.

Le Traité des plantes ufuelles de
Chomel , qui a formé jufqu'à préfent
toute la bibliotheque de la plûpart des
Herboriftes , ne fut point du tout fait
pour eux , & devroit peut-être leur
être interdit. Car il ne s'agit pas de
leur rendre compte de la deftination
des plantes qu'on leur demande , mais
dè leur apprendre à ne pas donner l'u-
ne pour l'autre.

On n'avoit donc jufqu'ici aucun ouvrage vraiment à leur portée. Le moindre Catalogue de plantes ufu les
étoit encore trop étendu pour ces bon-

Tome I.   K

nes gens, contenant pêle mêle les fimples du Droguier avec celles de l'Her-
bier, qui font des chofes fi diftinctes.

C'eft ce qui m'a fait prendre le parti
de cultiver dans mon voifinage un petit Jardin de plantes ufuelles, où je me
fuis reftreint, autant qu'il m'a été poffible, à celles qu'il eft permis aux Herboriftes de vendre, & qu'ils ont inté-
rêt de connoître, ne veulent point les
furcharger de l'étude de celles qu'on ne
leur demandera jamais, & dont le
commerce eft refervé à un autre ordre
de citoyens.

Dans le Catalogue de ce Jardin, j'ai
déterminé chaque plante par divers
noms tant François que Latins qui
leur ont été donnés par différens Auteurs, en différens tems & en différentes Provinces; parce qu'on peut les
demander à un Herborifte tantôt fous
un de ces noms & tantôt fous l'autre.

Si j'ai dérogé en cela à mon projet
de tout dire & tout écrire en Fran-

cois, j'y ai été très fidele à tous autres égards.

Ceux d'entre nos Herboristes qui font susceptibles d'un peu plus d'instruction ne trouveront point, à ce que j'espere, mon Botaniste François au dessus de leur portée, ayant tâché de l'assortir au degré de capacité qu'on peut leur supposer. Je n'ai rien négligé de ce qui pouvoit leur être utile; j'y ai même ajouté directement pour eux un Avis sur la récolte, la dessiccation & la conservation des plantes, n'ayant eu que trop d'occasions de déplorer leur impéritie, encore plus que leur négligence, dans ces points essentiels de leur profession.

Ils y trouveront tout en François, & dans le François le plus simple. Ainsi ils y apprendront sans peine à bien voir & bien décrire une plante, pour saisir les vrais caracteres de toutes celles qu'ils font obligés de tirer de la campagne, & qu'on y trouve souvent dans

un état très différent en apparence de
leurs congeneres cultivées dans les
jardins. Ils y apprendront encore par
furabondance, mais non fans quelque
fruit, les caracteres propres des herbes
d'ailleurs inutiles, ou même nuifibles,
qui, fe rencontrant confondues naturellement dans les champs avec les
premieres, pourroient donner lieu à de
malheureux quiproquo, que l'on ne
fauroit trop s'appliquer à prévenir.
C'eft bien là qu'on peut dire que le
ferpent eft caché fous l'herbe ; mais au
lieu de le fuir, foyons perfuadés qu'il
ne faut qu'un peu de courage pour le
chaffer.

AVIS

SUR LA RÉCOLTE,

LA DESSICATION

ET LA

CONSERVATION DES SIMPLES.

K iij

AVIS
SUR LA RÉCOLTE,
LA DESSICATION
ET LA
CONSERVATION DES PLANTES.

Il faut faire ſa récolte des Plantes dans les endroits qui ſont les plus favorables à chacune, où elles ſe plaiſent le plus, & où elles profitent davantage.

En général celles qui viennent dans les jardins ſont plus graſſes, & celles des champs plus vigoureuſes; elles ſont plus odorantes ſur les montagnes, & plus âcres dans les lieux aquatiques; celles enfin que l'on éleve ſur couche, & pour ainſi dire, par artifice pendant l'hiver, ont peu de vertu, & ſe ſentent du fumier qui leur a été prodigué.

K iv

Il faut donc tâcher de cueillir les plantes émollientes dans un terrein bas & humide, & les plantes aromatiques dans un terrein élevé & découvert.

Il faut cueillir les fleurs dans le tems qu'elles commencent à s'épanouir; passé ce tems, elles perdent chaque jour de leurs parties volatiles; & si on attend qu'elles tombent d'elles-mêmes, on les trouvera presque sans vertu.

Il y a encore un inconvénient particulier à cueillir trop tard les fleurs de Tussilage, de Piéchat, de Bouillon-blanc, &c. C'est que les filamens de leurs étamines & de leurs pistils, tenant peu alors, se détachent aisément, & lorsqu'on les emploie en infusion, ptisane &c., il en nage dans la liqueur des parcelles qui prennent à la gorge & importunent beaucoup les malades, si leurs gardes n'ont soin de passer l'infusion à travers d'un linge, attention que souvent on exigeroit en vain des garde - malades.

On choisira, autant qu'il sera possible, un beau jour pour cueillir les fleurs, & sur-tout les fleurs de Violetes, à qui les tems pluvieux sont fort contraires.

L'heure du jour la plus convenable pour cueillir les fleurs, c'est le matin lorsqu'un premier rayon de soleil en a enlevé la rosée, & que les ardeurs du midi ne les ont point trop épuisées de leurs parties essentielles.

Il faut bien prendre garde à la partie où réside la principale vertu de chaque fleur. Tel est le calice dans les fleurs labiées, à quoi beaucoup de gens ne font pas assez d'attention. Dans les fleurs d'Orange au contraire les pétales sont ce qu'il y a de plus odorant.

A l'égard des plantes qui ont des fleurs trop petites pour être conservées séparément, on cueille le haut des tiges garnies de leurs fleurs; & c'est ce qu'on appelle sommités fleuries. Telles sont : Absinte, Armoise, Gaillet jaune

K v

& blanc, Eufrefe, Germandrée, Ivete, Scordiom, Hifope, Marjolaine,
Origan, Sauge, Tim, Lavande, Centauriette, Milpertuis, Fumeterre.

Les fruits dont on veut faire ufage
immediatement doivent être cueillis
parfaitement mûrs ; ceux que l'on veut
conferver doivent être cueillis un peu
avant ce point de maturité complete :
tous doivent être choifis bien nourris,
& bien conditionnés, chacun en fon
efpece.

Les femences, ou graines, ne doivent
être cueillies que lorfqu'elles font parfaitement mûres.

Il faut les choifir bien nourries &
bien conditionnées, c'eft-à-dire ayant
l'odeur & la faveur qui leur convient,
& non autre.

On doit cueillir les tiges les plus
fortes & les plus nourries, à moins
qu'il n'y ait des raifons particulieres
d'en ufer autrement.

A l'égard des bois, on doit préfé-

rer celui du tronc de l'arbre, à celui
des branches; on doit choifir le plus
pefant préférablement à celui qui l'eft
moins.

A l'égard des écorces, on doit choifir celle des jeunes arbres, par préférence à celle des vieux.

Les écorces cueillies à la fin de l'automne fe confervent mieux; cueillies
au commencement du printems elles
abondent davantage en fucs; mais en
général il faut avouer que la différence n'eft pas affez importante pour
en faire un précepte rigoureux, fi ce
n'eft pas rapport aux écorces refineufes,
qu'il convient de cueillir au printems,
lorfque la feve eft prête à fe mettre en
mouvement.

Les feuilles que l'on veut conferver
doivent être choifies aux approches du
tems de la floraifon des plantes; c'eft
alors que les feuilles font dans toute
leur vigueur.

Les feuilles qui s'employent toutes

K vj

recentes fe cueillent à mefure qu'on
en a befoin; mais comme on trouve
prefque toujours dans la même efpece
de plante des individus plus & moins
avancés, on doit avoir attention à choifir
toujours celle qui paroit dans l'état le
plus favorable; par exemple on cueil-
lera des feuilles de Bourrache fur un
pied qui s'apprête à fleurir, plutôt que
fur celui qui ne fait que de naître, ou
que fur celui qui eft actuellement en
pleine fleur, ou déja défleuri & prêt
à périr.

Les feuilles que l'on appelle herbes
émollientes ne méritent ce titre qu'autant qu'elles font tendres & molletes;
on doit donc rechercher dans cette vue
les plantes les plus jeunes, & il eft
tout-à-fait ridicule d'employer comme
telles des feuilles féches & dures: en
vain prétendroit-on qu'elles puiffent
communiquer une molleffe qu'elles
n'ont plus elles mêmes.

Les racines des plantes annuelles,

croissant en même tems que les tiges,
doivent être cueillies dans l'âge adul-
te aux approches de la floraison, lorsqu'elles ont acquis toute leur grosseur,
mais qu'elles sont encore tendres ; car
elles sont sujetes à devenir dures, ou
cordées, dans leur arriere saison.

Quant aux racines des plantes vivaces, quelques Auteurs veulent qu'on
les cueille en autonne & d'autres au
printems ; il y a des raisons pour &
contre. De quoi s'agit-il ? d'avoir des
racines bien nourries & pourvues de
sucs aussi élaborés, aussi afinés que leur
nature le comporte. Au commencement de l'été les sucs abondent dans
toute la plante, mais ils sont un peu
cruds, trop aqueux & point assez élaborés. Sur la fin de l'été tous les sucs
sont apauvris, ou entierement épuisés
par la fructification. En autonne de
nouveaux sucs sont repompés & con-
centrés dans les racines ; pendant l'hi-

ver ils s'y digerent ; au printems ils fe pouffent en avant.

Il femble s'enfuivre de là qu'on doit cueillir les racines vivaces fur la fin de l'hiver, ou au premier printems; mais qu'il vaudroit encore mieux les cueillir au commencement de l'hiver, ou fur la fin de l'autonne, qu'au commencement de l'autonne, ou à la fin du printems ; & fur-tout que l'on doit avoir égard à la nature de chaque plante, fuivant qu'elle eft ou précoce, ou tardive.

On tâche de conferver les plantes d'une année à l'autre, pour pouvoir les employer au befoin en toute faifon, ce qui eft beaucoup plus praticable dans les années féches que dans les années humides & pluvieufes.

Quelques unes ne peuvent aucunement fe conferver : telles font les cruciferes. Quelques autres peuvent fe conferver plufieurs années fans être

renouvellées, lorsqu'elles ont été cueillies dans les années favorables.

Il faut, après les avoir bien defféchées,
les remuer & les fecouer fur un tamis
de crin, pour en féparer les ordures
& les infectes, ou œufs d'infectes,
qui peuvent s'y trouver, & fouvent
même en affez grande quantité.

Enfuite on les ferrera, ou dans des
facs de papier, ou dans des boetes de
bois garnies de papier, ou ce qui vaut
beaucoup mieux dans des bouteilles de
verre exactement bouchées.

Les fleurs de Violetes & de Rofes
rouges ne peuvent abfolument fe conferver que dans des bouteilles de verre
bien bouchées.

Pour épargner la dépenfe des bouteilles de verre, on tient toutes les
autres dans des boetes en un endroit fec
& peu expofé aux viciffitudes de l'air,
car elles font fujettes à s'amollir & fe
reffecher alternativement dans les boetes même, fuivant qu'il fait des tems
humides, ou fecs.

Les fleurs du Gaillet jaune, bien séchées & refferrées, acquérent une odeur
de miel fort agréable , & se conservent
affez aifément pendant deux ans en
bon état.

Les fleurs des plantes liliacées ne
peuvent se conserver , perdant entierement leur odeur par la defficcation ,
de telle maniere que l'on s'y prenne.

Les Rofes pâles , & les Rofes muf-
cates perdent auffi prefque toute leur
odeur en féchant. Au contraire les Rofes rouges, appellées Rofes de Provins,
qui ont peu d'odeur étant fraiches ,
en acquerent beaucoup par la defficcation , & se conservent en bon état pendant plufieurs années.

Les fleurs de Bourrache & de Buglofe, féchées lentement, pâliffent & se
décolorent entierement.

Pour bien faire fécher les fleurs d'Œil-
lets & de Rofes rouges , il faut au préa-
lable les monder de leurs onglets.

Il eft des fleurs qui perdent entie-

rement leur couleur, fi on les fait fécher à l'air libre ; telles font celles de
Violete, de Germandrée, de Centauriete &c.... Pour obvier à cet inconvénient, on les affemble par petits paquets, que l'on envelope de papier pour
les faire fécher, mais toujours à une
chaleur fuffifante pour opérer une defficcation très prompte.

Lorfqu'on veut conferver la couleur
des Violetes, il faut les fécher avec
leurs calices, dont on pourra les monder enfuite.

Il eft à obferver que lorfqu'on a tiré
une bonne partie de la teinture des
Violetes par l'infufion dans l'eau bouil-
lantes, qu'on les a enfuite exprimées
& féchées promtement, elles confervent leur couleur infiniment plus longtems que fi l'on n'en avoit rien feparé.

C'étoit autrefois un ufage prefque
univerfel de faire fécher les plantes
doucement & à l'ombre. Jacques Syl-
vius a obfervé qu'elles perdent beau-

coup moins à être féchées rapidement.

Il faut d'abord les monder & nettoyer de toutes parties étrangeres, ou altérées ; enfuite les expofer à l'ardeur du foleil, ou d'une étuve, ou fur un four de pâtiffier, ou de boulanger. Il ne faut pas les amonceler, elles s'échaufferoient enfemble & s'altereroient confidérablement ; il faut les étendre par couches peu épaiffes, & les remuer même plufieurs fois par jour, afin de multiplier & de renouveller leurs furfaces. Le mieux eft même de les étendre fur des canevas, ou groffes toiles fufpendues, afin que l'air y puiffe circuler librement. Si c'eft au foleil qu'on les deffeche, on aura foin de les retirer tous les foirs, pour les préferver de l'humidité de la nuit.

Les plantes féchées avec ces précautions confervent affez longtems leurs couleurs, leurs odeurs & toutes leurs propriétés. Les plantes féchées lentement, ou par tas, font fujetes à fermenter entr'elles, à noircir, à moisir ; & non - seulement à perdre toute leur vertu, mais encore à se corrompre & contracter de mauvaises qualités.

Plus les plantes sont naturellement succulentes, plus il leur importe d'être desséchées rapidement, parcequ'elles seroient plus susceptibles d'une fermentation intestine.

Les plantes aromatiques desséchées rapidement paroissent fragiles, cassantes, & repandent peu d'odeur dans les premiers tems; mais au bout de quelques jours elles reprenent de la souplesse & une odeur très sensible.

Il ne faut point s'obstiner à conserver les plantes cruciferes & antiscorbutiques; elles perdent toute leur vertu par la dessiccation.

Quoique toutes les plantes aromatiques veuillent être séchées rapidement, cependant lorsqu'elles contiennent des principes très volatils, il convient de ménager le degré de chaleur à proportion.

On peut en général diftinguer des femences de trois qualités fenfiblement différentes, favoir des femences arides, des femences farineufes, & des femences emulfives.

Les femences arides font auffi dures dans toute leur fubftance que dans leur écorce. Telles font les femences de Coriandre, d'Abfinte ... qui croquent fous la dent.

Les femences farineufes ont la fubftance de leurs lobes comme poudreufe, qui fe reduit aifément fous la dent en une farine mollete, telles font les Bleds, & les femences des plantes légumineufes.

Les femences émulfives ont dans leurs lobes beaucoup de matiere huileufe, qui étant mâchée, ou écrafée avec de l'eau, rend la falive, ou l'eau blanche & comme laiteufe. Telles font les femences des plantes curbitacées, auffi-bien que les Amandes.

Les femences emulfives perdent beaucoup à vieillir, quelque précaution que l'on prenne pour les conferver. Les Amandes qui dans leur fraicheur font douces, blanches & fermes, fe colo-rent, fe rident, ranciffent, & contrac-tent une très mauvaife qualité.

Les femences renfermées naturelle-ment dans des capfules féches, doivent être conferves, autant qu'on le peut, dans leurs capfules ; à l'égard de celles qui font renfermées dans des fruits charnus, il faut les en tirer pour les conferver.

Les femences font affez aifées à fe-cher ; il fuffit de les expofer dans un endroit fec & médiocrement chaud.

Il faut même prendre garde de trop deffécher les femences emulfives, elles n'en ranciroient que plus vîte.

Pour faire fécher les racines, il faut par préliminaire les monder, en cou-pant leurs filamens, & les frottant d'un linge rude, pour en emporter la terre

& toutes les ordures qui peuvent y être adhérentes.

Il y en a que l'on est même obligé de laver pour les netoyer, après quoi on les fait sécher rapidement ; pour cet effet on les étend sur des toiles, si elles sont petites, ou dans des tamis, si on n'en a pas beaucoup à faire sécher. Si elles sont fort grosses & charnues, on les coupe par rouelles, & on les enfile avec une ficelle en guise de chapelet, avant de les mettre sécher ; telles sont les racines de Bryone, d'Enule campane... Si elles sont cordées, on commence par les fendre en long & on en arrache le cordon.

Les racines gluantes & mucilagineuses, comme celles de Guimauve & d'Enule campane, après avoir été desséchées, attirent puissamment l'humidité de l'air, & toute leur surface se couvre de moisissure. Pour éviter cet inconvénient, quelques personnes confeillent de les bien laver, après les avoir coupées par tranches, afin de leur enlever par la lotion une partie de leur mucilage. Il est certain que cela diminue leur vertu, mais c'est peut-être l'unique moyen de les conserver.

Les racines que l'on tient à la cave, pour les conserver fraiches pendant l'hiver, y végétent, s'épuisent & se réduisent presqu'à rien.

Les Bulbes, ou Oignons font fort difficiles à bien sécher; on ne peut gueres en venir à bout qu'à la chaleur du bain marie, après les avoir duement effeuillés & enfilés.

La racine d'Arom mérite une attention particuliere, par la différence prodigieuse de ses qualités suivant les différens états où elle peut être prise. Cette racine est une espece de tubercule charnu, blanc, irregulierement arrondi, garni de quelques fibres, & rempli, surtout au printems, d'un suc laiteux, dont l'acrimonie est telle que

pour peu que l'on y goûte, la langue
vivement piquée s'en reffent pendant
un jour entier. Cette même racine
étant defféchée & confervée tout fimplement, les couches extérieures deviennent bientôt prefqu'infipides, tandis que l'intérieur recele longtems une
âcreté confidérable.

Il eft aifé de concevoir d'après cela
comment on a pu employer la même
racine à faire du pain pour les pauvres dans des tems de difete ; à faire
ici de l'amidon, & là du favon pour
les blanchiffeufes; à faire en Médecine
pour l'ufage intérieur tantôt un fon-
dant, tantôt un purgatif & tantôt
un ftomachique; pour l'ufage extérieur, tantôt un anodin & tantôt un
déterfif.

Je défirerois qu'independamment de
celles qu'on peut toujours avoir fraîches, mais plus ou moins fucculentes
fuivant la diverfité des faifons, on re-
cueillît des racines d'Arom tant au
printems

printems qu'en autonne, & qu'on
en gardât au moins pendant deux ans,
les unes entieres, les autres fendues
en quatre, toutes avec la date du jour,
du mois & de l'année où elles auroient
été cueillies, afin d'en pouvoir toujours
trouver dans les boutiques avec les
conditions que le Médecin jugeroit à
propos de prescrire.

A l'égard des racines d'Orquis, elles
demandent une legere préparation ; il
faut choisir des bulbes bien nourries,
& en ôter la peau, les jetter dans l'eau
froide, & les y laisser séjourner quelques heures ; les faire cuire alors dans
de nouvelle eau, les faire égouter,
puis les enfiler pour les faire sécher à
l'air dans un tems chaud & sec ; après
quoi il ne s'agit plus que de les tenir
séchement pour les conserver. Elles
deviennent transparentes, se gardent
très longtems, se reduisent aisément en
farine, & fournissent un excellent ali-
ment médicamenteux , peut-être le

Tome I. L

meilleur de tous en bien des cas. Celles
qu'on nous apporte de Turquie sous le
nom de Salop, ou Salep, coûtent plus
cher l'once, que ne coûteroit la livre, si
nos Apotiquaires vouloient se donner la
peine d'en préparer, comme j'ai souvent prié, & en quelque sorte sommé,
plusieurs de le faire. Il semble que cet
objet pourroit par leur abandon être encore censé dévolu aux Herboristes, mais
comme c'est une sorte de *préparation
pharmaceutique*, quelque simple qu'en
soit le procedé, peut-être ne seroit-il
pas prudent de s'en rapporter à ces sortes de gens (1).

(1) Je sais qu'au quatrieme siecle où les Herboristes formoient un corps bien distinct de
celui des Apoticaires, le Roi Jean leur en-
joignit, *de bien & loyaument administrer & faire
leurs jus & herbes selon l'ordonnance par écrit du
Médecin*. Ce mot *jus* suffiroit seul pour prou-
ver que toute préparation ne leur étoit pas si
généralement interdite ; mais je ne répondrois
pas des conséquences, si on les autorisoit à en
faire autant aujourd'hui.

OBSERVATION.

ON DESIGNE quelquefois collecti-
vement sous le nom des

Cinq capillaires : le Capillaire noir,
le Capillaire de Montpellier, le Politric, le Ceterac, & la Sauve-vie.

Trois fleurs cordiales : les fleurs de
Bourrache, de Buglose & de Violete.

Quatre fleurs carminatives : les fleurs
de Camomille Romaine, de Melilot,
de Matricaire & d'Anet.

Quatre grandes semences chaudes,
ou semences carminatives : les semences d'Anis, de Fenouil, de Cumin,
& de Carvi.

Quatre petites semences chaudes :
les semences d'Ache, de Persil, d'Ammi & de Daucus.

Quatre grandes semences froides :
les semences de Courge, de Citrouille, de Melon & de Concombre.

Quatre petites semences froides : les
semences de Laitue, de Pourpier,
d'Endive & de Chicorée.

Cinq racines apéritives : les racines de Houſſon, d'Aſperge, de Fenouil, de Perſil & d'Ache.

Herbes émollientes : la Mauve, la Guimauve, la Violete, la Mercuriale, la Parietaire, l'Arroche, le Seneçon, la Béte, l'Epinars, la Linaire, la Mollene, la Laitue . . . . du nombre deſquelles il ſuffit que l'Herboriſte en fourniſſe quelques unes de bien fraiches & bien molletes.

Fleurs bechiques : les fleurs de Tuſſilage, de Piéchat, de Coquelico, de Guimauve, de Mauve, de Mollene, de Violete. . . . .

CATALOGUE

CATALOGUE

D'UN JARDIN
DE PLANTES USUELLES.

CLASSE PREMIERE.

Plantes à Fleurs composées.

SECTION PREMIERE.

Fleurs radiées.

1. **T**OURNESOL - PATATE. Artichaut de Jérufalem. Patate de Canada. *Corona folis, tuberosâ radice.*

2. Margrite. Grande Pacrete. Œil de bœuf. *Leucanthemum vulgare. Buphtal-mum. Oculus bovis. Confolida media. Bellis major.*

3. Vergedor. Verge dorée. *Virga aurea, latifolia. Solidago farracenica.*

Tome I. a *

SECTION II.

Fleurs à Fleurons.

1. Bardane. Glouteron. *Bardana. Lappa major. Perfonata. Arctium.*

2. Chardon marie. Artichaut fauvage. *Carduus Mariæ.*

3. Chardon cotoneux. *Carduus , capite rotundo , tomentofo. Carduus Eriocephalus.*

4. Artichaut commun. *Cinara hortenfis , foliis non aculeatis.*

* Chardonete. *Cinara fylveftris , latifolia.*

5. Cardon. *Cinara fpinofa , cujus pediculi efitantur.*

6. Sarrete hémorroïdale. Chardon des vignes. Chardon hémorroïdal. *Cirfium arvenfe , Sonchi folio , radice repente. Carduus vinearum , repens. Carduus hæmorrhoïdalis.*

7. Quenouillete laineufe. Chardon beni des Parifiens. *Atractilis lutea,*

8. Cartame. Safran bâtard. Safran d'Allemagne. Graine de Perroquet. *Carthamus officinarum.*

9. Carline. Caméléon blanc. *Carlina acaulos.*

10. Chauffetrape. Chardon étoilé. *Carduus stellatus. Calcitrapa officinarum.*

11. Chardon beni. *Cnicus sylvestris, hirsutus. Carduus benedictus, officinarum.*

12. Bluet. Barbeau. Aubifoin. Blaveole. Caffelunete. *Cyanus segetum.*

13. Jacée des prés. *Jacea nigra, pratensis.*

14. Grande Centaurée. *Centaurium majus.*

15. Seneçon. *Senecio minor. Erigeron. Herbulum.*

16. Eupatoire d'Avicenne. *Eupatorium cannabinum. Herba sanctæ Cunigondis.*

17. Tanéfie. *Tanacetum vulgare, luteum.*

18. Coq. Mente - coq. *Tanacetum hortense, foliis & odore Menthæ. Mentha*

a iij

corymbifera. *Balsamita major. Costus hortensis.*

19. Filage. Herbe à coton. *Filago. Impia officinarum.*

20. Armoise. *Artemisia.*

21. Absinte ordinaire. Absinte Romaine. Alvine. *Absynthium officinarum. Absynthium Romanum. Absynthium vulgare , majus.*

22. Absinte pontique. Petite Absinte. *Absynthium ponticum. Absynthium tenuifolium.*

23. Absinte glaciale. Genepi des Alpes. *Absynthium Alpinum , candidum , humile.*

24. Absinte maritime. *Absynthium marinum. Absynthium seriphium.*

25. Absinte sementine. Barbotine. *Absynthium santonicum. Semen sanctum. Semen contrà, officinarum.*

26. Aurone vulgaire. *Abrotanum vulgare. Abrotanum mas.*

27. Aurone champêtre. *Abrotanum campestre.*

28. Estragon. *Abrotanum , Lini folio acriori & odorato. Dracunculus horten-fis. Tarchon.*

29. Santoline. Garderobe. Petit Ci-prés. *Santolina foliis teretibus. Abrota-num fœmina. Chamæcypariſſus.*

30. Conize. *Conyſa major, vulgaris.*

31. Pétaſite. Herbe aux teigneux. *Petaſites major, vulgaris.*

32. Piedechat. Piéchat. *Pes-cati, offi-cinarum. Æluropus. Hiſpidula.*

33. Stecas citrin. *Elichryſum , five Stæchas citrina , anguſtifolia.*

34. Lampourde. Petite Bardane. *Xanthium. Lappa minor.*

SECTION III.

Famille des Lactucées.

1. Piſſenlit. Dent de Lion. *Dens Leonis. Taraxacum officinarum.*

2. Chicorée ſauvage. *Chicorium ſyl-veſtre , officinarum.*

a iv

3. Chicorée douce. Endive. *Chico-rium latifolium. Intybus sativa. Endivia vulgaris.*

* Chicorée frisée. *Chicorium crispum. Endivia crispa.*

4. Lampsane. *Lampsana. Papillaris herba.*

5. Pulmoniere. Pulmonaire des Fran-çois. *Hieracium murorum, folio, pilo-sissimo. Pulmonaria Gallica. Pulmonaria aurea.*

6. Laitron doux. Palais de lievre. *Sonchus lævis. Lactucella leporina.*

* Laitron rude. *Sonchus asper.*

7. Laitue sauvage. *Lactuca sylvestris, costâ spinosâ.*

8. Laitue ordinaire. *Lactuca sativa.*

* Laitue pommée. *Lactuca capitata.*

9. Laitue Romaine. Chicon. *Lactuca Romana, longa, dulcis. Lactuca, folio obscurius virente, semine nigro.*

10. Scorsonete commune. *Scorsonéra angustifolia, subcærulea.*

11. Scorsonere d'Espagne. *Scorzonera latifolia , sinuata.*

12. Pilosette officinale. Oreille de Souris. *Dens Leonis. Pilosella officinarum. Auricula muris.*

13. Salsifis. Cersifi. Barbe de Bouc. *Tragopogon.*

a v

CLASSE II.

Plantes à Fleurs completes.

SECTION PREMIERE.

Famille des Dipsacées.

1. Scabieuse officinale. *Scabiosa pratensis , officinarum.*

2. Scabieuse-remors. Mors du diable. *Scabiosa folio integro. Morsus diaboli. Succisa.*

3. Cardere. Chardon à foulon. Chardon à bonnetier. Chardon à carder. *Dipsacus sativus. Dipsacus sylvestris. Virga pastoris major. Labrum veneris. Carduus fullonum.*

SECTION II.

Famille des Ombelliferes.

1. Panicaut. Chardon rolant. Chardon à cent têtes. *Eryngium.*

2. Peucedan porcin. Queue de pourceau. Fenouil de porc. *Peucedanum officinarum.*

3. Peucedan angelique. Saxifrage des prés. *Angelica pratensis, Apii folio. Seseli pratense. Saxifraga Anglorum.*

4. Imperatoire. Auftruche. Benjoin françois. *Imperatoria major. Ostrutium.*

5. Buplevre-percefeuille. *Buplevrum perfoliatum , rotundifolium, annuum. Perfoliata.*

6. Ache. *Apium palustre. Paludapium. Apium officinarum.*

* Celeri. *Apium dulce.*

7. Persil. *Apium hortense. Petroselinum.*

8. Berle commune. Ache d'eau. *Sium.*

a vj

Apium paluftre. Berula officinarum.

9. Chervi. *Sifarum.*

10. Laferpi-faux turbith. *Thapfia offi-cinarum.*

11. Laferpi-filer. Sefeli commun. *Se-feli officinarum. Ligufticum. Siler mon-tanum.*

12. Achemont de Candie. Daucus de Crete. *Daucus Creticus, officinarum. Daucus foliis Fæniculi tenuiffimis.*

13. Meu athamantique. *Meum atha-manticum, officinarum. Meum foliis Anethi.*

14. Bacile. Crifte-marine. Paffe-pierre. Fénouil marin. Herbe de Saint Pierre. *Ch itmum. Fæniculum mariti-mum. Baticula.*

15. Angelique de Boheme. Archan-gelique. Racine du Saint Efprit. *Ange-lica fativa.*

16. Angelique fauvage. *Angelica fylveftris, major.*

17. Liveche. Ache de montagne. *An-gelica montana, perennis, Paludapii*

folio. *Levisticum vulgare. Ligusticum vulgare.*

18. Astrance majeure. *Astrantia major. Sanicula fœmina. Helleborus , Sanicula folio.*

19. Boubon macédonique. Persil de Macédoine. *Apium Macedonicum. Petroselinum Macedonicum.*

20. Cumin. *Cuminum femine longiore. Cyminum sativum. Fœniculum orientale.*

21. Ammi majeur. *Ammi majus.*

22. Carote sauvage. Chirouis. *Daucus sylvestris. Daucus vulgaris.*

23. Berce. Fausse Branc - ursine. *Sphondylium vulgare , hirsutum. Acanthus Germanica. Branca-ursina Germanica.*

24. Ciguë. Grande Ciguë. *Cicuta major.*

25. Sanicle officinale. *Sanicula officinarum. Sanicula mas. Diapensia.*

26. Coriandre. *Coriandrum majus.*

27. Seseli de Marseille. *Seseli Massiliense. Fœniculum tortuosum.*

28. Fenouil commun. *Fœniculum vul-gare , Germanicum. Marathrum.*

* Fenouil doux. *Fœniculum dulce , officinarum.*

29. Anet des Jardins. *Anethum hor-tenfe.*

30. Panais des Jardins. Paftenade. *Paftinaca latifolia. Elaphobofcum.*

31. Cerfeuil fauvage. *Chærophillum fylveftre , perenne, Cicutæ folio.*

32. Cerfeuil des Jardins. *Cerefolium. Chærophyllum fativum.*

33. Cerfeuil mufqué. Cerfeuil d'Ef-pagne. *Cerefolium hifpanicum. Myrrhis major. Cicutaria odorata.*

34. Boucage. Perfil de bouc. Grande Saxifrage. *Tragofelinum majus. Pimpi-nella-faxifraga, major.*

35. Anis. *Anifum vulgare. Apium , Anifum dictum.*

36. Sifon amome. *Sium aromaticum. Sifon officinarum. Amomum officinis noftris.*

37. Ammi mineur. Ammi des An-

ciens. *Ammi parvum , foliis Fœniculi.*
Fœniculum annuum, Origani odore. Am-
moïdes.

38. Carvi officinal. *Carvi officinarum.*
Carum. Cuminum pratense.

39. Maceron. Gros Persil de Macédoine. *Smyrnium officinarum. Hippo-*
selinum.

40. Ciguete. Petite Ciguë. *Cicuta*
minor , Petroselino similis.

***

SECTION III.

Famille des Cruciferes.

1. Velar. Tortelle. Herbe au Chan-
tre. *Erysimum vulgare , officinarum.*

2. Alliaire. *Alliaria. Hesperis allium*
redolens.

3. Barbarine. Herbe de Sainte Barbe.
Sisymbrium , Erucæ folio glabro , flore
luteo. Barbarea.

4. Chou pommé, blanc. *Brassica ca-*
pitata , alba , officinarum.

* Chou rouge. *Brassica capitata, rubra. Brassica rubra, officinarum.*

5. Navet. *Napus sativa. Napus officinarum.*

* Navet sauvage. *Bunias officinarum.*

6. Rave. *Rapa officinarum.*

7. Sisimbe · Irion. *Erysimum latifolium, majus, glabrum, officinarum.*

8. Sisimbe. Cressondeau. Cresson de fontaine. *Nasturtium aquaticum. Sisimbrium aquaticum.*

9. Roquete des jardins. *Eruca latifolia, alba, sativa.*

10. Roquete sauvage. Roquete fine. *Eruca sylvestris, flore luteo. Eruca tenuifolia, perennis.*

11. Sofie. Talitron. *Sisymbrium annuum, Absynthii minoris folio. Sophia Chirurgorum.*

12. Pastel. Guéde. *Isatis. Glastum.*

13. Tourete. *Turritis.*

14. Julienne. *Hesperis hortensis.*

15. Moutarde. Senevé blanc. *Sinapi officinarum. Sinapi, Rapi folio.*

16. Cardamine. Creſſon des prés. *Cardamine pratenſis.*

17. Dentaire. *Dentaria heptaphyllos.*

18. Raifort. Rave des badauts. *Raphanus minor, oblongus.*

19. Lepidion-paſſerage. *Piperitis. Lepidium latifolium, officinarum. Raphanus ſilveſtris, officinarum.*

20. Lepidion-Iberide. *Lepidium, gramineo folio. Iberis.*

21. Naſitor. Creſſon alenois. *Naſturtiumhortenſe.*

22. Cranſon. Creſſon ſauvage. Corne de cerf bâtarde. *Naſturtium ſylveſtre, capſulis criſtatis. Ambroſia campeſtris, repens. Coronopus Ruellii.*

23. Cram. Armorace. Raifort ſauvage. *Raphanus ruſticanus. Raphanis magna. Cochlearia, folio cubitali. Armoracia.*

24. Cueillerée. Herbe aux cuilliers. *Cochlearia officinarum. Cochlearia, folio ſubrotundo.*

25. Tlaſpi champêtre. *Thlaſpi vulga-*
rius.

26. Tlaſpi-Monnoyere. *Thlaſpi ar-*
venſe , ſiliquis latis.

27. Mallete. Bourſe à paſteur. Ta-
bouret. Bourſe à Judas. *Burſa paſ-*
toris.

28. Jericote. Roſe de Jerico. *Thlaſ-*
pi , Roſa de Hiericho.

29. Giroflée jaune. Giroflier jaune.
Rameau d'or. Violier. *Leucoïum lu-*
teum , vulgare. Cheiri. Keiri officinarum.

30. Lunaire majeure. Bulbonac. *Lu-*
naria.

S E C T I O N I V.

Famille des Pavérines.

1. Pavot aſſoupiſſant. Pavot blanc.
Papaver ſativum , ſemine albo. Papaver
album.

* Pavot noir. *Papaver hortenſe , ſe-*
mine nigro. Papaver nigrum.

2. Pavot rouge. Ponceau. Coquelico. *Papaver rubrum. Papaver erraticum. Papaver rhæas.*

3. Glaucion. Pavot cornu. *Glaucium, flore luteo. Papaver corniculatum.*

4. Chelidoine. Eclaire. Felougne. *Chelidonium majus. Hirundinaria.*

SECTION V.

Famille des Rosacées.

ORDRE PREMIER.

1. Pommier de Renete. *Mala prasomila, officinarum. Mala renetea.*

2. Poirier. *Pyrus sylvestris.*

3. Coignassier. Coignier. *Cydonia Malus. Cotonea Malus.*

4. Cerisier ordinaire. *Cerasus sativa.*

* Merisier. *Cerasus sylvestris, fructu nigro.*

* Guignier. *Cerasus, fructu aquoso.*

5 Cerisier - Mahaleb. *Cerasus sylvestris, amara, Mahaleb putata.*

6. Cerisier-pade. Bois de Sainte Lucie. *Cerasus racemosa, sylvestris, fructu non eduli.*

7. Prunier épineux. Prunellier. *Prunus spinosa sylvestris. Acacia Germanica, officinarum.*

8. Prunier sans épine. Prunier de Damas. Petites Prunes douces, bleu - noirâtres. Petit Damas noir. *Pruna Damascena, nostratia, officinarum.*

9. Abricotier. *Malus Armeniaca.*

10. Pêcher. *Malus Persica, officinarum.*

11. Amandier commun. *Amygdalus officinarum.*

12. Néflier. Mêlier. *Mespilus vulgaris.*

13. Aubepine. Epine blanche. Noble Epine. *Mespilus Apii folio, sylvestris, spinosa, sive Oxyacantha.*

14. Groseiller ordinaire. Castiller. *Grossularia hortensis. Ribes officinarum.*

15. Groseiller noir. Cassis. *Grossularia non spinosa, fructu nigro, major. Ribes nigrum, folio olente.*

16. Groseiller épineux. Gadelier. *Grossularia spinosa, simplici acino. Uva crispa.*

17. Sorbier. Cormier. *Sorbus sativa.*

18. Rosier sauvage. Eglantier. Gratecul. *Rosa sylvestris. Cynorrhodon. Cynosbatos.*

19. Rosier rouge. Rosier de Provins. *Rosa rubra, officinarum. Rosa Provincialis.*

20. Rosier à Roses pâles. *Rosa pallida, officinarum.*

21. Rosier de Damas, à roses muscates. *Rosa damascena. Rosa moschata, flore simplici, officinarum.*

22. Ronce. *Rubus vulgaris.*

23. Framboisier. *Rubus Idæus.*

ORDRE SECOND.

1. Benoîte. Herbe de S. Benoît. Gariot. Galiot. Récise. *Caryophyllata. Herba benedicta.*

2. Argentine. *Pentaphylloïdes argen-*

*reum , alatum. Potentilla. Anſerina. Ar-
gentina.*

3. Quintefeuille rampante. *Quinque-
folium majus , repens. Pentaphyllon.*

4. Fraiſier. *Fragaria.*

5. Filipendule. *Filipendula.*

6. Ormiere. Reine des prés. *Ulmaria.
Regina prati.*

7. Aigremoine. *Eupatorium veterum.
Agrimonia officinarum.*

8. Tormentille. *Tormentilla ſylveſtris. Conſolida rubra.*

* *Ramnides.*

1. Nerprun purgatif. Noirprun. Bour-
gepine. *Rhamnus catharticus , officinarum. Spina cervina officinarum.*

2. Bourgene. Aulne noir. *Frangula
officinarum.*

3. Jujubier officinal. *Jujuba. Zizy-
phus officinarum.*

4. Paliure. Portechapeau. *Paliurus.*

SECTION VI.

Famille des Péonides.

1. Nielle. Toutépice. *Nigella. Melanthium.*

2. Adonis d'autonne. *Adonis. Ranunculus arvensis, foliis Chamæmeli, flore minore, atro-rubente.*

3. Ficaire. Petite Chelidoine. Eclairete. Petite Scrofulaire. *Ranunculus vernus, rotundifolius, minor. Scrophularia minor. Chelidonium minus. Ficaria.*

4. Pivoine commune. Pivoine femelle. *Pæonia communis. Pæonia fœmina.*

* Pivoine mâle. *Pæonia, folio nigricante, splendido. Pæonia mas.*

5. Ancolie. Gants de Notre-Dame. *Aquilegia sylvestris. Aquilina.*

6. Renoncule bulbeuse. Baffinet. Pied de coq. Pied de corbin. Grenouillete. *Ranunculus pratensis, radice verti-*

*cilli modo rotunda. Ranunculus bulbosus.
Ranunculus tuberosus.*

7. Renoncule aîlée. *Ranunculus pratensis, repens. Ranunculus dulcis.*

8. Hépatine trinitaire. Hépatique des
Fleuristes. *Hepatica trifolia. Herba tri-
nitatis.*

9. Antitore. Antore. Maclou. *An-
thora. Antithora. Aconitum salutiferum.*

10. Napel. *Napellus. Aconitum cœru-
leum.*

11. Delfin. Piédalouete. *Delphi-
nium. Consolida regalis.*

12. Stafisaigre. Herbe aux poux. *Del-
phinium, Platani folio. Staphisagria officinarum.*

<hr>

SECTION VII.

Famille des Cariofillées.

1. Œillet simple. *Caryophyllus altilis,
major. Tunica officinarum. Caryophyllus hortensis.*

2. Silene

2. Silene-faxifrage. Caffepierre. *Saxi-fraga antiquorum. Lychnis minor, faxifraga.*

3. Savonere officinale. *Lychnis fyl-veftris, quæ Saponaria vulgò. Saponaria.*

4. Lin des fileufes. *Linum fativum.*

5. Lin purgatif. Linet. Lin fauvage. Linete. *Linum catharticum, officinarum. Linum pratenfe, flofculis exiguis.*

6. Morgeline. Petit Mouron. Mouron des Serins. *Alfine media. Morfus gallinæ.*

SECTION VIII.

Famille des Jombardes.

1. Joubarbe, *Sedum majus, vulgare. Jovis barba. Sempervivum.*

2. Sedon blanc. *Sedum minus, tereti-folium, album.*

3. Sedon - trique. Triquemadame. *Sedum minus, luteum, folio acuto.*

Tome I. b

4. Sedon poivré. Poivre des murs. Vermiculaire brûlante. *Sedum parvum, acre, flore luteo.*

5. Orpin. Reprise. Feve graffe. Graffete. Joubarbe des vignes. *Anacampferos purpurea. Telephium. Fabaria craffa.*

SECTION IX.

Famille des Malvacées.

1. Mauve commune. *Malva vulgaris, flore majore, folio finuato.*

2. Mauve mineure. Petite Mauve. *Malva vulgaris, flore minore, folio rotundo. Malva fylveftris, pumila.*

3. Mauve frisée. *Malva crispa. Malva, foliis crispis.*

4. Alcée majeure. *Alcea vulgaris, major.*

5. Guimauve. *Althæa officinalis. Bismalva. Hibifcus.*

6. Tremiere. Rofe tremiere. *Mal-*

va Rosea, folio subrotundo.
* Malva Rosea, folio Ficûs.

SECTION X.

Famille des Légumineuses.

ORDRE PREMIER.

1. Genêt commun. Genêt à balais. Genista scoparia.

2. Genêt d'Espagne. Genista Hispa-nica. Genista juncea.

3. Agacia. Faux-Acacia. Pseudo-Aca-cia vulgaris.

4. Baguenaudier. Faux-Senné. Colu-tea vesicaria.

ORDRE SECOND.

1. Reglisse commune. Glycyrrhiza vulgaris, officinarum. Liquiritia. Dulcis radix.

2. Feve de marais. Faba major.
* Faba minor. Faba equina.

b ij

3. Vesce des Jardins. *Vicia sativa.*
* *Vicia alba.*

4. Ers-Erville. Orobe officinal. *Er-vum verum. Orobus , siliquis articulatis , semine majore.*

5. Lentille. *Lens vulgaris.*
* Petite Lentille. *Lens mimor.*

6. Bugrane. Arrêtebœuf. Bugrande. *Anonis spinosa , flore purpureo.*

7. Galega. *Galega officinarum. Ruta capraria.*

8. Pois des Jardins. *Pisum hortense.*

9. Coronille-Poligale. *Coronilla juncea. Polygala major , Massiliotica.*

10. Adragant de Marseille. Barbe-renard. *Tragacantha Massiliensis. Hirci spina.*

11. Chichet. Pois chiche. *Cicer sativum , rubrum , officinarum.*
* *Cicer album.*

12. Lupin blanc. *Lupinus sativus , flore albo.*

13. Haricot. Feverole. *Phaseolus.*

14. Fenugrec. Senegré, *Fœnum græcum , sativum.*

15. Melilot officinal. *Meliotus offici-narum.*

16. Melilot-Baumier. Lotier odorant. Faux Baume du Pérou. *Meliotus major, odorata, violacea. Lotus hortenſis, odora.*

17. Trefle. Trefle des prés. *Trifolium pratenſe, flore monopetalo.*

SECTION XI.

Famille des Campaniferes.

1. Campanule-Raiponſe. *Campanula radice eſculentâ. Rapunculus eſculentus.*
2. Lobele Sifilique. *Lobelia ſiphilitica.*

SECTION XII.

Famille des Solanons.

1. Eſtramon. Pomme épineuſe. *Stra-monium. Solanum, pomo ſpinoſo. Datura.*
2. Morelle officinale. *Solanum offici-narum.*

b iij

3. Morelle grimpante. Vigne de Judée. Douce amere. *Solanum scandens. Dulcamara.*

4. Morelle-Patate. Pomme de terre. Topinambour. *Solanum tuberosum, esculentum.*

5. Mayenne. Melongene. Aubergine. *Solanum pomiferum, fructu oblongo. Malum insanum. Melongena.*

6. Orpomme. Pomme dorée. Pomme d'amour. *Solanum racemosum, Cerasorum formâ. Ly copersicum. Pomum amoris. Malum aureum, odore fœtido.*

7. Capsique. Piment. Poivre d'Inde. Poivre de Guinée. *Capsicum, siliquis longis, propendentibus. Piper Indicum, vulgatissimum.*

8. Beldone. Belledone. *Belladona. Solanum melanocerasos. Solanum sommiferum. Solanum maniacum. Solanum lethale.*

9. Mandragore. *Mandragora, fructu rotundo.*

10. Coqueret. Coquerelles. Alke-

kenge. *Halicacabum. Solanum vesica-*
rium. Alkekengi, officinarum.

SECTION XIII.

Famille des Curbitacées.

1. Citrouille ordinaire. *Citrullus. An-*
guria. Pepo vulgaris.

2. Citrouille-Potiron. *Pepo oblongus.*
Melopepo.

3. Courge de pélerin. Calebasse. *Cu-*
curbita lagenaria.

4. Coloquinte. *Colocynthis, offici-*
narum.

5. Melon. *Melo vulgaris.*

6. Concombre ordinaire. *Cucumis sa-*
tivus. Cucumer vulgaris.

7. Mordique élastique. Concombre
sauvage. *Cucumer sylvestris. Elaterium,*
officinarum.

8. Mordique-Merveille. Pomme de
merveille. *Momordica vulgaris. Pomum*
mirabile. Balsamina cucumeraria.

9. Brione. Vigne blanche. Couleu-
vrée. *Bryonia , officinarum.*

SECTION XIV.

Famille des Apocinées.

1. Laurier - Rose. *Nerion.*
2. Pervenche rampante. *Pervinca
vulgaris , angustifolia. Clematis-daph-
noïdes , minor. Vinca-Pervinca*

3. Pervenche droite. *Pervinca vulgaris , latifolia. Clematis - daphnoïdes ,
major.*

4. Asclépiade-Antivenin. Dompté-
venin. *Asclepias , flore albo. Hirundinaria. Vincetoxicum.*

SECTION XV.

Famille des Borraginées.

1. Cinoglose. Langue de Chien. *Cy-
noglossum majus , vulgare.*

2. Buglose officinale. *Buglossum angustifolium, majus. Buglossum officinarum.*

3. Orcanete. *Anchusa.*

4. Eliotrope. Herbe aux verrues, *Heliotropium majus. Verrucaria.*

5. Gremil. Herbe aux perles. *Lithospermum majus, erectum. Milium solis.*

6. Pulmonaire officinale. *Pulmonaria Italorum, officinarum.*

7. Pulmonaire viperée. *Pulmonaria foliis Echii, officinarum.*

8. Confoude. Oreille d'âne. Grande Confoude. *Symphytum. Consolida major.*

9. Bourrache. Bourroche. *Borrago, officinarum.*

10. Viperine. Herbe aux viperes. *Echium, officinarum.*

SECTION XVI.

Famille des Rubiacées.

1. Garance des Teinturiers. *Rubia tinctorum.*

2. Croisette velue. *Cruciata hirsuta.*

3. Grateron. Rieble. *Aparine vulgaris.*

4. Gaillet jaune. Caillélait jaune. *Gallium luteum. Gallium verum.*

5. Gaillet blanc. Caillelait blanc. *Gallium album. Mollugo montana.*

6. Aspérule hépatique. Muguet des bois. Hépatique étoilée. *Aparine latifolia, humilior, montana. Hepatica stellata. Asperula.*

SECTION XVII.

Famille des Muflaudes.

1. Linaire officinale. *Linaria vulgaris, lutea.*

2. Velvote-Nummulete. *Elatine, folio subrotundo. Linaria segetum, Nummulariæ folio, villoso.*

3. Cimbalaire. *Cimbalaria vulgaris. Linaria, hederaceo folio, glabro.*

4. Clapet. Mufle de veau. *Antirrhinum.*

5. Digitale. Gantelée. *Digitalis purpurea.*

6. Gratiole. Herbe à pauvre homme. *Digitalis minima. Gratiola, officinarum.*

7. Scrofulaire noueuse. Herbe du Siege. Grande Scrofulaire. *Scrophularia nodosa, fœtida.*

8. Scrofulaire aquatique. *Scrophularia aquatica, major.*

9. Pédiculaire-fistulaire. *Pedicularis pratensis, purpurea. Fistularia.*

10. Agnocaste. *Vitex. Agnus castus, officinarum.*

11. Eufrese. Euphraise. *Euphrasia, officinarum. Eufragia.*

b vj

12. Graſſete vulgaire. *Pinguicula, Geſneri.*

13. Acante mollete. Branc-urſine. *Acanthus ſativus. Acanthus mollis.*

14. Acante épineuſe. *Acanthus aculeatus.*

SECTION XVIII.

Famille des Labiées.

1. Romarin. *Rosmarinus. Anthos, officinarum.*

2. Sauge ordinaire. *Salvia major.*

* Petite Sauge. Sauge de Provence. *Salvia minor aurita, & non aurita.*

* Sauge de Catalogne. *Salvia Hiſpanica, odoratiſſima. Salvia tenuiore folio.*

3. Orvale. Toutebonne. *Sclarea. Horminum, Sclarea dictum. Orvala.*

4. Orvale des prés. *Sclarea pratenſis, foliis ſerratis.*

5. Brunelle. Petite Confoude. Bru-
nette. *Brunella. Prunella. Confolida
minor.*

6. Toque. Tertianaire. *Caffida. Ter-
tianaria.*

7. Agripaume. *Cardiaca, officinarum.
Agripalma.*

8. Staquis puant. Ortie puante. *Galeopfis procerior, fœtida, fpicata. Urtica iners, magna, fœditiffima*

9. Staquis des marais. Ortie morte.
*Stachis paluftris, fœtida. Galeopfis pa-
luftris, Betonicæ folio, flore variegato.*

10. Lamion-Ortiblanche. Ortie blanche. *Lamium album. Archangelica, flore
albo. Urtica iners.*

11. Lamion puant. *Lamium purpu-
reum, fœtidum. Urtica iners, altera.*

12. Ballote. Marrube noir. *Ballote.
Marrubium nigrum, fœtidum.*

13. Marrube blanc. *Marrubium. Pra-
fium. Marrubium album, officinarum.*

14. Chataire. Herbe au chat. *Cataire.*

Cataria. Nepeta officinarum. Herba felis. Mentha-nepeta.

15. Lierret. Lierre terreftre. Terrete. Rondote. Herbe de S. Jean. *Chamæcif- fus. Hedera terreftris , officinarum.*

16. Hifope vulgaire. *Hyffopus, offici- narum.*

17. Lavande. Spic. Afpic. *Lavandula. Spica. Pfeudonardus.*

* A feuilles larges. *Lavandula lati- folia.*

* A feuilles étroites. *Lavandula an- guftifolia.*

18. Stecas Arabique. *Stæchas purpu- rea. Stæchas Arabica.*

19. Betoine. *Betonica.*

20. Origan vulgaire. *Origanum vul- gare , fpontaneum.*

* Origan rampant , velu. *Origanum fylveftre , humile.*

21. Marjolaine. *Marjorana. Sampfu- cus. Amaracus.*

22. Diétame de Crete. *Dictamnus Cretica. Dictamnus vera. Origanum Cre- ticum.*

23. Melissiere. Melisse bâtarde. *Me-lissophyllum. Melissa adulterina.*

24. Calament officinal. *Calamintha magno flore , vulgaris. Calamintha officinarum.*

25. Calament - Nepét. *Calamintha Pulegii odore. Nepeta.*

26. Basilic commun. *Ocymum vulga-tius.*

27. Basilic mineur. *Ocymum mini-mum.*

28. Melisse. Citronelle. *Melissa hor-tensis. Apiastrum. Citrago.*

29. Sariete des jardins. *Satureia hor-tensis. Satureia sativa.*

30. Sarriete-Timbre. *Satureia legiti-ma. Satureia Cretica. Tymbra legitima.*

31. Sarriete de Candie. Tim de Cre-te. *Thymus capitatus. Thymum Cre-ticum.*

32. Tim commun. *Thymum durius. Thymus vulgaris , latiore folio.*

* *Thymus vulgaris , tenuiore folio.*

33. Serpolet. *Serpillum vulgare.*

* Serpolet citroné. *Serpillum , citri odore.*

34. Bugle. moyenne Confoude. *Bugula. Confolida media.*

35. Ivette commune. *Yva arthritica, officinarum. Ajuga. Chamæpitys lutea.*

36. Ivette mufquée. *Yva mofchata. Chamænitys mofchata.*

37. Poliom. *Polium montanum , luteum.*

* *Polium montanum , album.*

38. Germandrée - Chefneau. Chefnete. *Chamædrys minor , repens.*

39. Germandrée-Saugete. Faux Scordiom. *Chamædris fruticofa , fylveftris. Salvia agreftis. Scordium alterum.*

40. Marom. *Marum , officinarum. Marum Cortufi.*

41. Scordiom. Chamarras. Germandrée d'eau. *Chamædry̧ paluftris , canefcens. Sordium , officinarum.*

42. Mente frifée. Baume. *Mentha crifpa.*

43. Mente gentille. *Mentha horten-*
fis, verticillata, Ocimi odore.

44. Mente verte. *Mentha angustifo-*
lia, fpicata.

45. Mente de cimetiere. *Mentha fyl-*
veftris, rotundiore folio. Menthaftrum,
odore gravi.

46. Pouliot. Pouliot rampant. *Men-*
tha aquatic. Pulegium vulgare.

47. Pouliot - Tin. *Mentha arvensis,*
verticillata, hirfuta.

48. Pouliot des marais. Baume aquatique. Mente aquatique. *Mentha aqua-*
tica, major. Mentha rotundifolia, pa-
luftris.

SECTION XIX.

Pluripétales à reconfronter.

ORDRE PREMIER.

1. Erable. *Acer.*

2. Fufain. Bonnet à Prêtre. Bois à
lardoires. *Evonymus.*

3. Tilleul. *Tilia.*

4. Buis. Bouis. *Buxus.*

5. Marondier. Maronier d'Indé. *Hippocastanum, officinarum.*

6. Tamaris de Narbonne. *Tamariscus Narbonensis.*

7. Tamaris d'Allemagne. *Tamariscus Germanica.*

8. Frêne fleuri. *Fraxinus humilior. Ornus.*

9. Grena dier. *Punica. Malus granata. Balaustia.*

10. Oranger. *Arantium. Aurantium, Arantia malus. Malus aurea.*

11. Citronier. *Citreum vulgare. Malus Medica.*

* Limonier. *Limon vulgare.*

12. Cornouiller. Cornier. Cornouiller mâle. *Cornus hortensis.*

13. Mirte. *Myrthus latifolia, Romana.*

* *Myrthus minor, Tarentina. Myrthyllus.*

14. Caprier épineux. *Capparis spinosa.*

15. Liere. *Hedera arborea.*

16. Vigne. *Vitis vinifera.*

* Raifins de Damas. *Paffulæ maximæ, officinarum.*

* Raifins de Corinte. *Paffulæ minores officinarum.*

* Mufcats de Provence. *Uvæ Maffi-liotica.*

17. Berberis. Vinetier Epinevinete. Epinevinier. Crepinier. *Berberis. Spina acida. Crefpinus.*

18. Sumac. Rous des Tanneurs. *Rhus coriaria. Rhus, folio Ulmi.*

ORDRE SECOND.

1. Nénufar blanc. Lis des étangs. Volet. Blanc d'eau. *Nymphæa alba.*

2. Nénufar jaune. *Nymphæa lutea.*

3. Becdegru fanguin. Bec de grue. *Geranium fanguineum. Sanguinaria radix.*

4. Becdegru mauvin. *Geranium, folio Malvæ, rotundo.*

5. Becdegru colombin. Pied de pigeon. *Geranium columbinum, diffectis*

foliis , pediculis florum longiſſimis.

6. Becdegru cigutin. *Geranium , Cicutæ folio , minus & ſupinum.*

* Muſqué. *Moschatum.*

7. Becdegru-Herbarobert. Herbe à l'eſquinancie. *Geranium Robertianum. Herba Ruperti. Rupertiana.*

8. Amarante-Paſſevelours. *Amaranthus, paniculâ conglomeratâ. Celoſia criſtata.*

9. Blete. *Blitum ſylveſtre , ſpicatum.*

10. Alluya. Alleluya. Pain à couou. *Oxys flore albo. Oxytri hyllum. Lujula. Acetoſella. Trifolium acetoſum. Panis cuculi. Alleluya , officinarum.*

11. Pirole commune. *Pyrola rotundifolia , major.*

12. Pirole unilatere. *Pyrola , folio ſerrato.*

13. Rue. *Ruta hortenſ , latifolia.*

14. Saxifrage blanche. Percepierre. *Saxifraga rotundifolia , alba.*

15. Roſſoli. Roſée du ſoleil. Herbe de la goute. *Ros-Solis , officinarum.*

16. Milpertuis officinal. *Hypericum vulgare. Perforata, Fuga Dæmonum.*

17. Violete odorante. Violier. *Viola martia, flore purpureo, simplici, odoro.*

18. Fraxinelle. Dictame blanc. *Fraxinella. Dictamnus alba. Diptamnum.*

19. Capucine ordinaire. *Cardamindum minus & vulgare. Nasturtium Indicum.*

20. Grande Capucine. *Cardamindum ampliori folio, & majori flore. Acri viola maxima, odorata.*

21. Parisette. Raisin de renard. *Herba Paris, officinarum. Solanum quadrifolium, bacciferum.*

22. Macre. Cornuelle. Corniche. Echarbot. Châtaigne d'eau. Trufe d'eau. *Tribuloïdes vulgare, aquis innascens.*

23. Titimale des forêts. Titimale des bois. *Tithymalus sylvaticus.*

24. Titimale verruqueux. Titimale des prés. *Tithymalus Myrsinites.*

25. Titimale Ciparisse. *Tithymalus Amygdaloïdes.*

* Titimale des champs. Efule officinale. *Tithymalus - Cyparissias , officinarum.*

26. Titimale des marais. Titimale
des ruisseaux. *Tithymalus palustris.*

27. Titimale-Reveille-matin. *Tithy-
malus-Helioscopius.*

28. Titimale des vignes. Efule. *Tithymalus minor, rotundis foliis, non cre-
natis.*

29. Titimale-Epurge *Tithymalus-la-
tifolius. Cataputia , officinarum.*

30. Fumeterre officinale. *Fumaria ,
officinarum. Fumus terræ.*

31. Gaude des teinturiers. *Luteola ,
herba Salicis folio.*

32. Circée. Herbe de Saint Etienne.
Circæa. Herba Divi Stephani.

SECTION XX.

Unipétales à reconfronter.

ORDRE PREMIER.

1. Storax. *Styrax , folio Mali cotonei.*
2. Olivier. *Olea sativa.*
* Olivier d'Espagne. *Olea , fructu maximo.*
* Olivier de Provence. Picholines. *Olea , fructu oblongo , minore.*
3. Houx. *Aquifolium. Agrifolium.*
4. Chevre-feuille. *Caprifolium Germanicum. Matrisylva, Periclimenum, non perfoliatum.*
5. Jasmin. *Jasminum vulgatius , flore albo.*
6. Lilas. *Lilac. Syringa cœrulea.*
7. Troesne. *Ligustrum Germanicum.*
8 Sureau. *Sambucus officinarum. Ac-16 , officinarum.*

ORDRE SECOND.

1. Cotilet. Nombril de Venus. *Coty-ledon. Umbilicus Veneris.*

2. Liferon des haies. *Convolvulus major, albus.*

3. Liferon des champs. Lifet. *Convolvulus minor , arvenfis.*

4. Liferon-Parate. Igname. *Convolvulus, radice tuberofâ, efculentâ. Convolvulus Indicus. Batatas. Inhame.*

5. Soldanelle. Chou-marin. *Soldanella , officinarum. Braffica marina.*

6. Dentelaire. *Plumbago.*

7. Mollene blanche. Bouillon blanc, *Verbafcum mas, latifolium, luteum. Tapfus barbatus.*

8. Mollene drapée. *Verbafcum fœmina , flore luteo , majus.*

9. Nicotiane-Tabac. Herbe à la Reine. *Nicotiana major , latifolia. Tabacum Hyofciamus Peruvianus.*

* *Nicotiana major, anguftifolia.*

10.Nicotiane-Petun.*Nicotiana minor.*

11. Cufcute

11. Cufcute. Goute de lin. Epitim.
Cufcuta. Caffutha. Epithymum.

12. Nummulaire. Herbe aux écus.
*Lyfimachia humifufa. Nummularia. Cen-
timorbia.*

13. Primevere. Primerole. Fleur de
coucou. *Primula veris odorata , flore luteo. Verbafculum. Herba paralyfis.*

14. Androface. *Androface. Acetabu-
lum marinum , minus.*

15. Centauriete fébrifuge. Petite
Centaurée. *Centaurium minus.*

16. Gentiane jaune. *Gentiana lutea ,
minor.*

17. Gentiane-Croifete. *Gentiana cruciata.*

18. Méniante. Trefle aquatique.
*Menyanthes. Trifolium paluftre. Trifo-
lium fibrinum.*

19. Mouron. Gros Mouron , rouge.
Anagallis phœniceo flore. Anagallis mas.

* Mouron bleu. *Anagallis cæruleo
flore. Anagallis fœmina.*

Tome I.

c

20. Grapourfine. *Uva-Urfi*, officinarum.

21. Airelle. Mirtille. Morets. Rai-
fin de bois. *Vitis Idæa. Vaccinia nigra.*
Myrthillus.

22. Yeble. *Ebulus*, officinarum. Cha-
mæ-acte, officinarum.

23. Pourpier. *Portulaca.*

24. Bruyere vulgaire. Pétrole. *Erica*
vulgaris, glabra.

25. Pimprenelle officinale. Petite
Pimprenelle. *Pimpinella sanguisorba*,
minor, hirsuta.

* *Pimpinella sanguisorba*, minor,
lævis.

26. Pimpenelle. Grande Pimprenelle. *Pimpinella sanguisorba*, major.

27. Plantain large. *Plantago latifolia*,
finuata. Septinervia.

28. Plantain cotoneux. *Plantago la-*
tifolia, incana. *Plantago media.* Quin-
quenervia.

29. Plantain étroit. *Plantago angusti-*
folia. Trinervia.

30. Puciere. Herbe aux puces. *Pſyl-lium majus , erectum. Pulicaris herba. Plantago caulifera.*

31. Cornope. Corne de cerf. *Coronopus hortenſis.*

32. Juſquiame noire. Hannebane. Poteleuſe. *Hyoſcyamus vulgaris. Hyoſcyamus niger. Faba ſuilla.*

33. Juſquiame blanche. *Hioſcyamus albus , major.*

34. Paimporc. Pain de pourceau. *Cyclamen , officinarum. Arthanita , officinarum.*

35. Veronique officinale. Veronique mâle. *Veronica mas , ſupina & vulgatiſſima.*

36. Véronique teucriete. *Veronica ſupina , facie Teucrii pratenſis. Chamædrys ſpuria , major.*

37. Veronique chenete. *Veronica minor, foliis imis rotundioribus. Chamædrys ſpuria , minor.*

38. Becabonga rampant. Grand Becabonga. *Veronica aquatica , folio ſub-*

rotundo. *Anagallis aquatica, folio subro-*
tundo. Becabunga major, officinarum.

* Petit Becabonga. *Becabunga minor,*
officinarum.

39. Poligala vulgaire. *Poligala vulga-*
ris. Polygala major.

* *Polygala , Buxi minoris folio.*

40. Vervene. *Verbena.*

41. Valériane-fu. *Phu majus. Vale-*
riana major , officinarum.

42. Valériane sauvage. *Valeriana syl-*
vestris major. Phu parvum.

43. Valériane celtique. Nard celtique. *Valeriana Celtica. Nardus Celtica.*

44. Mâche. Bourfete. Blanchete. *Va-*
lerianella arvensis.

CLASSE III.

Plantes à Fleurs incompletes.

SECTION PREMIERE.

Mélampides, seconde ligne de la famille
des Péonides.

1. SILVIE. *Ranunculus phragmites,
vernus.*

2. Pouffatile. Coquelourde. *Pulfa-
tilla, officinarum. Herba venti.*

3. Ellebore rofé. Ellebore noir, officinal. *Helleborus niger, officinarum,
flore rofeo.*

4. Ellebore verd. Ellebore noir, officinal. *Helleborus niger, officinarum, flore
viridi.*

5. Ellebore-grifon. Ellebore puant.
Pied de 'grifon. *Helleborus niger, fœti-
dus, officinarum. Helleboraftrum.*

c iij

6. Clematite. Herbe aux gueux. Viorne. *Clematitis sylvestris. Vitalba.*

SECTION II.

Famille des Liliacées.

1. Veratron noirâtre. Ellebore blanc. *Veratrum , officinarum. Helleborus albus , officinarum , flore atrorubente.*

2. Veratron verdâtre. Ellebore blanc. *Veratrum, officinarum. Helleborus albus, officinarum , flore subviridi.*

3. Fritillaire-Pintade. Damier. *Fritillaria variegata. Meleagris.*

4. Courone impériale. *Corona imperialis.*

5. Asfodele jaune. *Asphodelus luteus, flore & radice. Asphodelus fœmina.*

6. Asfodele branchue. *Asphodelus albus , ramosus , mas.*

7. Lis blanc. *Lilium album.*

8. Acorus vulgaire. Roseau aromati-

que. *Acorus verus. Calamus aromaticus, officinarum.*

9. Scille rouge. *Ornithogalum mariti-mum. Scilla , radice rubrâ.*

* Scille blanche. *Scilla radice albâ.*

10. Ail. *Allium sativum.*

11. Rocambole. *Allium sativum , al-terum. Allioprasum , caulis summo cir-cumvoluto.*

12. Moly-victorial. *Allium alpinum. Victorialis longa.*

13. Porreau. *Porrum commune , ca-pitatum.*

14. Oignon. *Cepa vulgaris.*

15. Echalote. *Cepa Ascalonica.*

16. Ciboule. *Cepa sectilis. Cepa junci-folia. Cepa fissilis.*

17. Asperge des jardins. *Asparagus sativa.*

* Asperge des champs. *Asparagus sylvestris , tenuissimo folio.*

18. Iris Germanique. Flambe. *Iris-nostras, officinarum.*

19. Iris de Florence. *Iris Florentina, officinarum.*

c iv

20. Iris-gigot. Espatule. Glayeul puant. *Iris fœtidiffima. Xyris.*

21. Faux Acorus. Iris jaune des prés. *Iris paluftris , lutea. Acorus adulterinus.*

22. Safran. *Crocus.*

23. Muguet. Lis des vallées. *Lilium convallium.*

24. Signet. Genouillet. Sceau de Salomon. *Poligonatum. Sigillum Salomonis.*

25. Houffon. Petit Houx. Fragon. Houx frelon. Bouis piquant. *Rufcus, Brufcus , officinarum.*

SECTION III.

Famille des Orquides.

1. Orquis capet. Satirion. *Orchys militaris , major. Cinoforchys.*

2. Orquis moumon. *Orchys morio , mas , foliis maculatis.*

3. Ofris bifeuille. Doublefeuille. *Ophrys.*

SECTION IV.

Incompletes à reconfronter.

ORDRE RREMIER.

1. Orme commun. Ormeau. *Ulmus campeſtris.*

2. Meurier blanc. *Morus alba.*

3. Meurier noir. *Morus nigra.*

4. Laurier franc. *Laurus vulgaris. Laurus tenuifolia.*

* *Laurus latifolia. Laurus platytera.*

5. Lauréole toujours verte. Lauréole mâle, officinale. *Laureola mas. Thymelæa , Lauri folio , ſempervirens.*

6. Lauréole - boigenti. Lauréole femelle, officinale. Bois gentil *Meʒereon, officinarum. Laureola fœmina. Thymelæa, Lauri folio , deciduo.*

7. Lauréole-Garou. Timelée. *Thymelæa , foliis Lini. Grana Gnidia , officinarum.*

8. Gui. *Viſcum. Lignum ſanctæ Crucis.*

C v

ORDRE SECOND.

1. Tamme. Racine-vierge. Sceau de Notre-Dame. Herbe à la femme batue. *Tamnus racemosa. Bryonia nigra. Vitis nigra. Sigillum Beatæ-Mariæ , officinarum.*

2. Patience sauvage. Parelle. *Lapathum , folio acuto. Oxylapathum. Lapathum sylvestre , officinarum.*

3. Patience des jardins. Patience potagere. *Lapathum hortense , folio oblongo.*

4. Patience aquatique. *Lapathum aquaticum , folio cubitali. Herba Britannica , officinarum. Hydrolapathum.*

5. Patience sanglante. Sanginêlée. *Lapatum sanguineum. Sanguis Draconis. Draconis Herba.*

6. Rubarbe des Moines. Patience des Alpes. *Lapathum rotundifolium. Rhabarbarum Monachorum.*

7. Oseille longue, Surelle. *Acetosa pratensis.*

* Oseille ronde. *Acetosa hortensis, rotundifolia.*

8. Oseille sauvage. Petite Oseille. Vinete. *Acetosa arvensis, lanceolata. Acetosaminor.*

9. Bete. Poirée. *Beta alba. Cicla, officinarum.*

* Bete-rave. *Beta rubra, radice Rapæ.*

10. Salsole commune. Soude. *Kali majus, cochleato femine. Kali vulgare. Soda.*

11. Fitolaque de Virginie. Fitolaque commune. *Phytolacca vulgaris. Solanum racemosum, Americanum.*

12. Houblon. *Lupulus.*

13. Chanvre. *Cannabis.*

14. Arroche des jardins. *Atriplex hortensis, pallidè virens.*

* rouge. *Atriplex hortensis, rubra.*

15. Patedoue - vulvaire. Arroche puante. *Chenopodium fœtidum. Atriplex fœtida. Vulvaria.*

16. Patedoue-Bonhenri. *Chenopodium folio triangulo. Bonus-Henricus.*

17. Botris. Botris vulgaire. Ambroi-
fete. *Chenopodium ambrofioïdes , folio
finuato. Botrys ambrofioïdes , vulgaris.
Botrys , officinarum.*

18. Botris du Mexique. Thé du Mexique. *Chenopodium ambrofioïdes, Mexicanum. Botrys ambrofioïdes, Mexicanum.*

19. Ortie commune. Ortie majeure.
*Urtica vulgaris , major. Urtica urens
maxima.*

20. Ortie grieche. *Urtica urens ,
minor.*

21. Alchimille. Pied de lion. *Alchi-
milla vulgaris. Leontopodium.*

22. Ricin vulgaire. Pignon d'Inde.
*Ricinus vulgaris. Ricinus albus. Palma
Chrifti.*

23. Turquete. Herniole. Herbe du
Turc. *Herniaria.*

24. Rubarbe Chinoife. *Rhabarbarum , officinarum.*

25. Rubarbe du Montd'or. Rapon-
tic. *Rhaponticum , officinarum.*

26. Perficaire douce. *Perficaria mitis.*

27. Perſicaire curage. Poivre d'eau. *Perſicaria urens. Hydropiper.*

28. Sarraſin. Blé noir. Carabin. *Fago-pyrum vulgare , erectum. Fagotriticum.*

29. Renouée. Trainaſſe. *Polygonum latifolium. Centinodia.*

30. Biſtorte officinale. *Biſtorta major. Bilapathum. Colubrina.*

31. Epinars. *Spinacia , ſemine ſpinoſo.*

32. Camfrete de Montpellier. Cam-frée. *Camphorata Monſpelienſium. Cam-phorata hirſuta.*

33. Parietaire commune. *Parietaria, officinarum. Helxine.*

34 Salicornie arbuſte. Soude-Salico-te. *Kali geniculatum majus. Salicorina geniculata , ſempervirens.*

35. Aſaret. Cabaret. Oreille d'hom-me. Oreillete. Rondelle. Girard Rouſ-ſin. Nard ſauvage. *Aſarum , officinarum.*

36. Mercuriale annuelle. Foirole, *Mercurialis.*

* Mâle. *Mercurialis ſpicata, ſive fœ-mina.*

* Femelle. *Mercurialis testiculata,
sive mas.*

37. Fumeterre bulbeuse. *Fumaria
bulbosa, radice cavâ.*

38. Aristoloche longue. *Aristolochia
longa, officinarum.*

39. Aristoloche ronde. *Aristolochia
rotunda.*

40. Aristoloche Clematite. Aristoloche des vignes. Aristoloche Sarrasine.
Aristolochia Clematitis.

41. Aristoloche menue. Pistoloche,
Aristolochia Pistolochia.

42. Lenticule. Lentille d'eau. Lentille des marais. *Lenticula palustris.
Lens lacustris.*

CLASSE IV.

Plantes à Fleurs efflorées.

SECTION PREMIERE.

Fleurs à Spates.

1. AROM-GOUET. Piedeveau. *Arum vulgare.*

2. Arom-Serpentaire. *Dracunculus major, vulgaris. Dracontium. Arum polyphyllum. Serpentaria.*

SECTION II.

Famille des Cedrines.

1. Genévrier commun. Genievre. Petron. Petrot. *Juniperus vulgaris, fruticofa.*

2. Genévrier-Cade. *Juniperus major, Oxycedrus.*

3. Sabine. Sabinier. Savinier. *Sabina officinarum. Sabina , folio Cupreſſi.*

* *Sabina , folio Tamaraſci.*

4. Pin cultivé. *Pinus ſativa. Pinus ; oſſiculis duris , foliis longis.*

Pignons doux.

5. Sapin. *Abies, Taxifolio , fructu ſurſùm ſpectante.*

6. Pece. Épicia. *Abies tenuiore folio ; fructu deorsùm inflexo.*

7. Ciprès. Ciprès femelle. *Cupreſſus, metâ in faſtigium convolutâ. Cupreſſus faſtigiata. Cupreſſus fœmina.*

SECTION III.

Famille des Amentacées.

1. Peuplier blanc. *Populus alba.*
2. Peuplier noir. *Populus nigra.*
3. Saule commun. Saule blanc. *Salix vulgaris , alba , arboreſcens.*
4. Saule-Marſeau. *Salix , folio ex rotunditate acuminato. Salix latifolia , rotunda.*

5. Chataigner. Maronier. *Castanea.*

6. Chêne commun. Roure. *Quercus. Robur.*

7. Chêne verd. Chêne à Kermés. *Quercus coccifera. Ilex coccigera. Ilex aculeata , cocciglandifera.*

8. Liege. *Suber latifolium , semper-virens.*

9. Coudrier. Noisetier. *Corylus. Avellana.*

10. Bouleau. *Betula.*

11. Aulne. *Alnus.*

12. Noyer. *Nux. Juglans.*

13. Piment royal. *Gale. Frutex odoratus septentrionalium. Myrthus Bra-bantica.*

14. Terebinte vulgaire. *Terebinthus vulgaris.*

SECTION IV.

Famille des Graminées.

LIGNE PREMIERE.

Ciperotes.

1. Souchet long. *Cyperus odoratus ,* *radice longâ. Cyperus , officinarum.*

2. Souchet rond. *Cyperus rotundus ,* *orientalis , major.*

LIGNE SECONDE.

Grames.

1. Larmier. Larme de Job. *Lachryma Job.*

2. Mays. Bled de Turquie. *Frumentum Indicum. Mays.*

3. Ris. *Oryza.*

4. Froment. Blé. *Triticum.*

5. Chiendent officinal. *Gramen loliaceum , radice repente. Gramen , officinarum.*

6. Seigle. *Secale. Siligo.*

7. Orge commun. *Hordeum polyfti-chum.*

8. Poulote. Chiendent-Pied de poule. *Gramen dactylum, radice repente, officinarum. Gramen legitimum.*

9. Millet. Mil. *Milium, femine luteo.*

10. Avoine commune. *Avena alba.* * *Avena nigra.*

11. Rofeau. Canne. *Arundo fativa, quæ Donax.*

SECTION V.

Fleurs nues.

1. Frêne commun. *Fraxinus excelfior.*

SECTION VI.

Fleurs cachées.

1. Figuier. *Ficus. Ficus paffa. Carica, officinarum.*

CLASSE V.

Plantes à Fleurs hétéroclites.

SECTION PREMIERE.

Famille des Fougeroles.

1. FOUGERE COMMUNE. Fougere femele. *Filix ramofa , major, pinnulis obtufis , non dentatis. Filix fœmina.*

2. Fougere mâle. *Filix non ramofa , dentata. Dryopteris. Filix mas.*

3. Capillaire du Canada. *Adiantum Americanum. Adiantum Canadenfe.*

4. Capillaire de Montpellier. *Adiantum Monfpelienfe. Adiantum , foliis Coriandri. Capillus Veneris.*

5. Filicule noire. Capillaire noir. Capillaire commun. *Adiantum nigrum, officinarum.*

6. Filicule des Grifons. Capillaire

le blanc. *Adiantum album, officinarum.*

7. Ceterac. *Asplenium. Ceterac, offi-* cinarum.

8. Politric. *Trichomanes. Polytri-* chum, officinarum.

9. Sauvevie. *Salvia vitæ. Ruta mura-* ria, officinarum.

10. Scolopendre. Langue de cerf. *Lingua cervina, officinarum. Phyllitis. Scolopendrium.*

11. Polipode. *Polypodium vulgare.*

12. Ofmonde royale. Fougere fleu- rie. *Ofmunda paluftris. Filix florida.*

13. Ofigloffe. Langue de ferpent. Herbe fans couture. *Ophiogloffum vul- gatum. Lancea Chrifti.*

SECTION II.

Famille des Mouffes.

1. Politriche dorée. Percemouffe. *Po- lytrichum aureum. Adiantum aureum,*

officinarum. Muscus capillaceus , major, pediculo & capitulo crassioribus.

2. Licopode à massue. Soufre végétal. *Lycopodium vulgare. Lycopodium clavatum. Muscus terrestris , clavatus.*

SECTION III.

Famille des Crustelles.

1. Marchantine. Hépatique des fontaines. *Hepatica , officinarum. Hepatica fontana. Lichen petræus. Hepatica terrestris.*

2. Pulmonete. Pulmonaire de Chêne. *Lichen arboreus. Pulmonaria arborea , officinarum.*

3. Pulmonete canine. *Lichen cinereus, terrestris.*

4. Usnée officinale. *Muscus arboreus. Usnea , officinarum. Lichen plicatus.*

SECTION IV.

Fleurs héteroclites, à reconfronter.

1. Prêle des étangs. Queue de cheval. *Equisetum paluftre. Cauda equina.*

CLASSE VI.

Plantes sans Fleurs connues.

SECTION PREMIERE.

Famille des Fongueuses.

1. AGARIC BLANC. Agaric du Meleze. *Agaricus, officinarum.*

2. Agaric amadouvier. Agaric de Chêne. *Agaricus, pedis equini facie.*

3. Pezi. Oreille de Judas. *Auricula Judæ, officinarum. Fungus Sambucinus, officinarum.*

4. Vesselou vulgaire. Vesse de Loup. *Lycoperdon vulgare. Crepitus Lupi. Fungus pulverulentus. Fungus rotundus.*

FIN.

INDEX

ALPHABETICUS

PLANTARUM

AGRO PARISIENSI

SPONTE INNASCENTIUM,

Qualiter ferè habetur in Botanici Parisiensis prodromo.

Pauca quidem immutata, pauca addita funt, fingulis vero Plantis fubjecta vernaculâ linguâ nomina noftra, ut cum Vaillantianis immediatè, nec non horum ope cum quibuslibet aliis conferri valeant.

Tome I.

c̃

INDEX ALPHABETICUS

PLANTARUM

AGRO PARISIENSI

SPONTE INNASCENTIUM.

Abies tenuiore folio, fructu deorsum inflexo. *Sapin. Epicia.*

* tenuiore folio, fructu deorsum inflexo, majore, albido.

1. Abrotanum campestre, cauliculis albican-
tibus. *Aurone champêtre.*

* campestre, cauliculis ruben-
tibus.

1. Acer campestre, & minus. *Erable commun.*

* campestre & minus, fructu rubente.

* campestre & minus, mas, feufte-
rile.

2. montanum, candidum. *Erable Si-
comore.*

* montanum, candidum, fructu rubente.

3. platanoïdes. *Erable plane.*

1. Acetosa pratensis. *Ozeille. Surelle.*

d ij

INDEX

Tome I. e

2. Digitalis major, lutea, vel pallida, parvo flore. *Digitale jaune.*

1. Dipſacus ſylveſtris, aut Virga paſtoris, major. *Cardere ſauvage.*

1. Doronicum, Plantaginis folio. *Doronic.*

E.

1. Echium vulgare. *Viperine.*
*   vulg. fl. ex purpura rubente.
*   vulg. fl. albo.
*   vulg. platicaulon.
*   vulg. paniculâ criſpâ.

1. Elatine, folio ſubrotundo. *Velvote nummulete.*

2.   folio acuminato, in baſi auriculato, flore luteo. *Velvote à oreillettes.*

*   folio acuminato, flore cæruleo.

1. Elichryſum montanum, flore rotundiore, ſubpurpureo. *Elicriſe, Piéchat.*

*   montanum, fl. rotundiore, ſuaverubente.
*   montan. fl. rotundiore, variegato.
*   montan. fl. rotundiore, candido.
*   montanum, longiore folio, & flore purpureo.
*   montanum, longiore folio, & flore albo.

2.   ſpicatum. *Elicriſe des bois.*

3.   ſylveſtre, latifolium, capitulis conglobatis. *Elicriſe-immortelle.*

e iij

c iv

e v

nor. *Cham. retrouffés , en fociété.*

27. Fungus lactefcens , piperatus , rufus. *Ch. enfoncé :* * a. *Ch. bronzé.*

* *b.* lactefcens , prægnantiffimus. *Ch. blanc-fale.*

* *c.* piperatus , non lactefcens , coloris Brafilici. *Ch. chapeau rouge.*

* *d.* aureus,capitulo in conum abeunte. *Champ. gluant.*

* *g.* minimus , albus , umbilicatus , ftriatus. *Champ. calepin.*

* *h.* minimus , totus niger, umbilicatus. *Champ. tout noir.*

28. margine per maturitatem furfüm repando. *Champ. foufcoupe.*

29. grifeus , holofericeus , pileolo crenelato. *Champ. godet.*

30. lacteus , maximus , infundibuli formâ. *Champig. entonnoir :*

* *a.* *Champ. grand entonnoir.*

* *b.* mediæ magnitudinis , albus. *Ch. moyen entonnoir.*

* *c.* foliaceus , vel lamellatus , infundibuli formâ , fufco-lividus. *Champ. brun-livide.*

* *d.* albidus , infundibuli formâ , paluftris. *Champ. des marais.*

31. noftras , pediculo brevi , in pileolum didymum abeunte. *Champ. didime.*

32. minimus , pediculo conico. *Ch. à quille.*

33. parvus , lamellatus , pectunculi formâ , Alno adnafcens. *Demion-petonglet.*

superficie splendidè croceâ. *Ruchin vermineux.*

* Fungus porosus, pediculo ovali, pileoli superficie castaneâ.

45. Fungi lutei, perniciosi, sub Pinu habitantes. *Ruchins pain-d'épice.*

46. Fungus crinaceus. *Erinace.*

47.   gelatinus flavus. *Gelatin.*

G.

1. **G**ALE florifera. *Piment.*

*   fructifera.

*   frutex odoratus septentrionalium.

1. Geranium sanguineum, maximo flore. *Becdegru sanguin.*

2.   folio Malvæ, rotundo. *Becdegru mauvin.*

*   folio Malvæ, rotundo, flore majori, cœruleo.

*   columbinum, majus, flore minore, cœruleo.

*   Idem, flore purpureo.

3.   columbinum, dissectis foliis, pediculis florum longissimis. *Becdegru colombin.*

*   Idem, floribus incarnatis.

4.   Robertianum 1. viride. *Becdegru herbarobert.*

*   Robertianum 1. rubens.

*   Robertianum, flore albo.

5.   Cicutæ folio, minus & supinum. *Becdegru cigutin.*

*   Idem, flore albo.

6.   lucidum, saxatile. *Becdegru luisant.*

INDEX.

f iij

I.

INDEX.

f iv

f v

f vj

fleurs disjointes.

Tome I.

§

g ij

g iv

INDEX

g v

Q.

gâ , divulfâ , feu interruptâ.
Careche blanchâtre.

5. Scirpoides , quod Gramen Cyperoides mi-
nimum , feminibus deorfùm
reflexis , puliciformibus. *Careche à puces.*

6.   quod Gramen Cyperoides fpi-
catum , minus , fpicâ divulfâ ,
aculeatâ. *Careche piquante.*

7.   quod Gramen Cyperoides ex
Monte Balon , fpicâ divul-
fâ. *Careche de Montbalon.*

8.   quod Gramen Cyperoides paluftre, elatius, fpicâ longio-
re, laxâ. *Careche à panicules.*

1. Scirpus paluftris , altiffimus. *Sirpe des
étangs.*

2.   omnium minimus , capitulo bre-
viori. *Sirpe foyeux.*

3.   fupinus , minimus , capitulis conglobatis , foliis rotundo-tereti-
bus. *Sirpe couché.*

4.   Equifeti capitulo , majori. *Sirpe
des marais.*

*   Equifeti capitulo, rotundiori.

5.   qui Gramen Junceum , clavatum ,
repens , foliolis , & capitulis
Pfyllii. *Sirpe flottant.*

6.   qui Gramen junceum , foliis &
fpicâ Junci , minus. *Sirpe des
gazons.*

7.   Equifeti capitulo , minori. *Sirpe
épingle.*

8.   paluftris, altiffimus, foliis & cari-
nâ ferratis. *Choin marifque.*

1. Sclarea. *Orvale. Toutebonne.*

Tome I.

h

h ij

Eadem , foliis ternis.

✳   major Germanica , flore albo.

2.   folio obscurè virente , flore ferru-
gineo. *Staquis des montagnes.*

1.ati ce. *Statice.*

1. Stellaria , quæ lenticula palustris , bifo-
lia , fructu tetragono. *Cal-
litric du Printems.*

2.   quæ Alsine aquis innatans , foliis
longiusculis. *Callitric d'Au-
tomne.*

✳   quæ Lenticula palustris , angus-
to folio , in apice dissecto.

✳   aquatica, fol. longis, tenuissimis.

1. Stratiotes fluviatills. *Plumeau.*

✳   Eadem , flore albo.

1. Symphytum , Consolida major , flore purpureo , quæ mas. *Consou-
de.*

✳   Idem , flore purpuro-cæru-
leo.

✳   Idem , flore albo , vel pallidè luteo , quæ fœmina.

✳   Idem , flore luteo.

✳   Idem , flore variegato.

T.

1. TAMNUS racemosa , flore minore , luteo , pallescente. *Tamme.*

1. Tanacetum vulgare , luteum. *Tanesie.*

1. Taxus. *If.*

1. Thalictrum majus , siliquâ angulosâ , aut
striatâ. *Pigamon jaune.*

2.   minus, alterum, Parisiensium,
fol. crassioribus , & lucidis.
Pigamon luisant.

h iij.

iv

X.

FINIS.

ERRATA

Du Tome premier.

PREMIERE PARTIE.

Pag. viij l. 11 auxquels, *lisez* auxquelles.

3	1	uffire,	fuffire.
23	8	aîles,	ailes.
27	18	arrêtés,	arrête.
32	3	l'Antonine,	l'Antonin.

49 9 Morelle, *aj.* fous les feuilles au Boigenti.

56 17 aîlée, *lisez* ailée.

72 19-21 *effacez* ces trois lignes.

87 9 feuillets, *lisez* feuilletes.

95 9 Percefeuille, *lisez* Buplevre-percefeuille.

100 17-23 *transport.* ces fept lignes à la fin de la page 101.

114 10 *ajoutez* en titre, FAMILLES.

115 10 vingt-fept, *lisez* vingt-huit.

20 vingt-fix, vingt-fept.

126 8 *Familles,* Famille.

136 4 deux étamines pofées, *lif.* une feule étamine pofée.

142 17 *effacez* FAMILLES.

18 Je, *lisez* N. B. Je.

211 17 ces, *lisez* les.

214 15 des Herboriftes, *lif.* d'un Herborifte.

218 18 veulent, *lisez* voulant.

242 16 quatrieme, *lisez* quatorzieme.

SECONDE PARTIE.

Pag. 28 l. 1 Vefce, *lisez* Vece.

7 *mimor*, lifez *minor.*

Pag. 29 l. 1 *Meliotus* , lifez *Melilotus.*

4 *Meliotus* , *Melilotus.*

37 1 Méliffiere , Meliffere.

44 12 couou , coucou.

50 1 après Grapourfine , *aj.* Buffe-
rolle.

56 après la l. 13 *aj* 26. Colchique.
Tuechien. *Colchicum.*

57 18 apres Garou , *aj.* Sainbois.

51 16 *Salicorina* , lifez *Salicornia.*

110 28 *gluantes* , lifez *gluants.*

113 après la ligne 12 , *ajoutez*
1. Galeopfis procerior , calyculis aculeatis ,
flore purpurafcente. *Galéope*
tetrahit.

eadem , flore variegato.
eadem , floribus candidis.
eadem , flore flavefcente.

2. patula fegetum , flore purpurafcente. *Galeope ladane.*

3. five Urtica iners , flore luteo;
Galeope Ortimorte.
lutea , amplioribus foliis variegatis.

4. procerior fœtida , fpicata. *Staquis*
puant.

5. paluftris , Bœtonicæ folio , flore
variegato. *Staquis des marais.*
cadem , villofiffima.

Pag. 134 l. 21 luteo pallido albo , *lif.* luteo.
pallido.
albo.

(102)

A

www.ingramcontent.com/pod-product-compliance
Lightning Source LLC
Chambersburg PA
CBHW060523220326
41599CB00022B/3404